THE KNOWN
UNKNOWNS

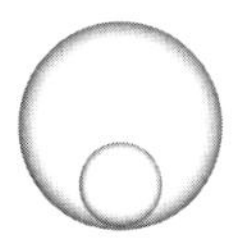

那些人类已知的未知问题

[美] 劳伦斯 · M. 克劳斯（Lawrence M. Krauss）著

刘小鸥 译

中信出版集团 | 北京

图书在版编目（CIP）数据

那些人类已知的未知问题 /（美）劳伦斯 · M. 克劳斯著；刘小鸥译 . -- 北京：中信出版社，2024.2（2024.11重印）
书名原文：The Known Unknowns
ISBN 978-7-5217-6296-9

I. ①那… II. ①劳… ②刘… III. ①宇宙学－普及读物 IV. ① P15-49

中国国家版本馆 CIP 数据核字（2024）第 006536 号

那些人类已知的未知问题
著者：［美］劳伦斯 · M. 克劳斯
译者：刘小鸥
出版发行：中信出版集团股份有限公司
（北京市朝阳区东三环北路 27 号嘉铭中心　邮编　100020）
承印者：北京通州皇家印刷厂

开本：880mm×1230mm 1/32　印张：7.5　字数：147 千字
版次：2024 年 2 月第 1 版　印次：2024 年11月第 2 次印刷
京权图字：01-2023-6201　书号：ISBN 978-7-5217-6296-9
定价：59.00 元

服务热线：400-600-8099
投稿邮箱：author@citicpub.com

献给我的家人和我真正的朋友，

感谢你们在动荡时期的支持。

我并不害怕未知。据我判断，迷失在一个没有任何目的的神秘宇宙中，正是我们目前的真实现状。

——理查德·P. 费曼

我们知道，有已知的已知：我们知道自己知道这些东西。我们也知道，有已知的未知：我们知道有些东西是我们不知道的。但还存在未知的未知：我们不知道，但我们不知道自己不知道。

——唐纳德·拉姆斯菲尔德

目　录

前言 —— III

第 1 章　时间 —— 001

第 2 章　空间 —— 041

第 3 章　物质 —— 075

第 4 章　生命 —— 133

第 5 章　意识 —— 179

后记 —— 219

致谢 —— 227

—— 前言 ——

科学中最重要的四个字是“我不知道”。这就是启蒙的开始，因为“不知道”暗示着存在一个充满机遇的宇宙，带来了发现和惊喜的可能。

如果说历史给了我们什么指引，那就是，关于宇宙我们不知道的比知道的要多得多。这有时被误解成了我们几乎一无所知。说实话，我们已经知道很多事情了，这指引着我们寻找更多知识。但承认诸多宇宙之谜犹存，为科学事业带来了一种长期的希望，更不用说这可是一种宇宙级的工作保障了。

在现代科学过去500年的历程中，我们了解的世界的边界不断拓展，超出了我们有直接经验的宇宙范围。然而，基本的存在之谜犹存：我们的宇宙如果真有一个开端，它是如何开始的？它将如何终结？宇宙有多大？在我们所见之外还有什么？支配我们存在的基本规律是什么？这些规律在任何地方都是一样的吗？我们的经验世界是由什么构成的？哪些东西仍然隐藏在视野之外？地球上的生命是如何诞生的？我们是孤独的吗？意识是什么？人类的意识是独一无二的吗？

这些问题继续驱使着我们探索，但就像在幽暗的森林中越走越远一样，宇宙谜题持续存在，而且变得越来越深刻，也越来越令人兴奋了。历史的教训是，每一次发现都会带来新的谜题，都会带给我们一个重要的新视角去了解这些亘古不变的基本问题的意义和内涵。

这些谜团是移动的标靶，它们定义了科学的最前沿，也就是迈入未知的那道门槛。探索这道门槛是为了更深入地理解科学已经取得了多大的进步，而这本书的目的便在于此。

要详细了解我们未知的到底是什么，少不了做一些智力上的准备，对有志于从事科学研究的人来说则可能需要大量准备。做到这一点，就代表着从一名学生蜕变成为一位专业的研究人员。但若只是对当前知识的局限性有一种基本的认识，而非完全掌握它们，则是容易得多的事情了。

这本书的目的正是为非专业的读者提供这样一种认识。它的结构围绕着前面提到的那些重要的未解之谜，章节大致按照时间、空间、物质、生命和意识安排。每个部分都涉及一系列显而易见的谜团，它们会被列在该部分的开头。我希望它最终会是一次对知识的庆祝，而不是对无知的颂扬。这是一封邀请函，让我们沉思并欣赏我们生活的这个宇宙。

物理学家理查德·费曼思考过，我们最终有没有可能发展出一种理论来解释所有宇宙现象。他觉得也许不会，我也一样。但正如他所说，即使现实就像某种无限的宇宙洋葱，每一项新的发展都只是剥开了一层，这对他来说也足矣。他只想每一天比前一天多了解宇宙一些。我猜，他每每做到这一点时都会大吃一惊。因为对我而言，这就是宇宙最迷人的一面，它不断为我们带来惊喜。自然的想象力远远胜过人类的想象力。在我自己的研究中，如果哪一天一切都是合情合理的，那我才惊讶呢。

这就是为什么我们必须不停地借助实验进行探究。如果只是提出理论或者猜想，我们很可能就会在错误的道路上徘徊。实验让我们一直走在正确的道路上，并让我们实事求是。我们试图沿着自然铺设的道路前进，但标记事先被隐藏了起来，目的地也并不总是那么明确。

唐纳德·拉姆斯菲尔德那句臭名昭著的话[①]在这里有了共鸣。科学中最令人兴奋的发现通常涉及“未知的未知”，因为那才是最大的惊喜所在，也是新的知识轨迹的开端。

但如果我们知道这些未知的未知是什么，它们就不是未知的未知了。因此，当我们在我们知识的极限——或许也是我们想象力的极限——上思考自然时，我们要利用我们掌握的东西，也就是已知的未知。幸运的是，通过推动这些已知的未知，我们常常会得到意想不到的答案，以及新的问题。

我衷心希望一代人之后，我在这里提到的许多宇宙之谜看上去都已经是老古董了，或者显得相当欠考虑。这些问题可能仍

① 拉姆斯菲尔德曾任美国国防部部长，他在 2002 年回答记者有关伊拉克的提问时用了“未知的未知”这种含混不清的表达，遭到广泛批评。——译者注

然没变，但我们对它们的看法或许已经有了翻天覆地的变化。那么这本书可能可以提醒未来一代人，告诉他们科学已经取得了多大的进步，就像詹姆斯·金斯（James Jeans）爵士于20世纪30年代出版的经典代表作《神秘的宇宙》（*The Mysterious Universe*）一样，那本书当时对公众的科学认知产生了巨大影响，在出版近一个世纪后的今天依旧对我们影响颇深。

我希望在有生之年能见证这一切发生。

第 1 章

时间

时间是普遍存在的吗？

时间有开始吗？

时间会终结吗？

时间旅行有可能实现吗？

失去的时光再也找不回。

——本杰明·富兰克林

好的，皮尔格林先生，我们此时被固定在这一瞬间的琥珀之中。没有什么为什么。

——库尔特·冯内古特

此时此地才是最重要的。没有过往，也不存在未来。时间是一种极具误导性的东西。一切从来都只是当下。我们可以从过去获得经验，但无法再活一遍；我们可以对未来怀抱希望，但并不知道究竟有没有未来。

——乔治·哈里森

时间是我们存在的最个人化的特征。它是将我们生活的大戏串在一起的线，是所有文学作品的核心，无论好坏。它滋养着悲剧的心脏，也为冒险的脉搏供能。但它仍然如此神秘，以至于有人严肃怀疑它是否真的存在。

爱因斯坦曾在解释相对论时开玩笑地说，和一个充满魅力的人交谈，一小时也好像只有一分钟那么短，但如果在滚烫的炉子上坐着，一分钟就像一个小时那样漫长。虽然他是在开玩笑，但他的话有一方面是对的：对时间流逝的感知取决于你的心境，比如你是百无聊赖还是兴奋不已。

无论你的心境如何，时间都很宝贵。由于现代医学的发展，我们大多数人的寿命都超过了古籍中传统的古稀之年，但我们人生在世的时间依旧是有限的。用本杰明·富兰克林的话说，我们没有再来一次的机会。看过一部烂片的人都清楚，失去的光阴一去不复返。

不少哲学探讨都着墨于“物理学暗示时间本身究竟是基本的还是一种幻觉”的问题。我稍后会简单聊聊这个问题，但我认为，就像许多哲学讨论一样，它忽略了物理学家以及其他所有人实际上担心的关键问题。时间几乎支配着我们日常生活的各个方面，这是无可否认的事实。对那些冲上火车站台，却发现5点50分的通勤火车刚刚开走的人来说，“时间可能是一种幻觉”的说法毫无助益。

巧的是，正是对火车的思考，让阿尔伯特·爱因斯坦改变了时间作为一个物理量的概念。

在那之前，努力让相隔遥遥的时钟保持同步一直是一项重大挑战，特别是考虑到国家间的商业和战争主要是在海上进行的。为了清楚自身相对于目的地的位置，在海上沿东西轴线航行时准确定位经度至关重要。

只有在（由太阳位置决定的）当地时间可以和出发地的时间进行比较的条件下，准确定位经度才成为可能，而这就需要一台可以在漫长的海上航行中保持准确的时钟。在英国，测量经度的问题被认为至关重要，以至于议会于1714年设立了一项公开奖励，拿出一万到两万英镑奖金来奖励提出测量经度的方法的人，具体金额取决于测得经度的准确性。1730年，木匠兼钟表匠约翰·哈里森（John Harrison）提出了他的航海天文钟设计方案，并在接下来的30年里完善了这一设计，最终达到了奖励要求的精度。尽管他这30年的努力最终换来了两万多英镑的报酬，但达娃·索贝尔（Dava Sobel）在她的著作《经度》（*Longitude*）中称，哈里森从未被英国经度委员会正式认可为这一奖项的得主。

现如今，世界各个角落的时钟都能以相对较高的精度同步，这创造了一个真正通用的地球时间参考系。事实上，今天我们把格林尼治皇家天文台的当地时间称为协调世界时。

在引入格林尼治的标准时间之前，各地方政府都根据他们当地的太阳位置设定自己的时间。但当铁路旅行出现后，迅速穿越足够长的距离便成了可能，这种距离长到火车上的时钟经过每个城镇时都不得不重新设置一番。

因此，从某种意义上来说，正是火车旅行的出现带来了时间的标准化。19 世纪，火车旅行让不同村庄的时间互相协调成为必要，这可能激起了阿尔伯特·爱因斯坦测量时间的兴趣。爱因斯坦是瑞士伯尔尼的一名专利职员，在这个国家，几乎每座城市每隔几分钟就有一列火车驶离站台，并且那里的火车时至今日仍是出了名地准点。我以前每年夏天都会去苏黎世大学（爱因斯坦最终在这所学校获得了博士学位），有句老话说得太对了，一个人可以根据火车安排自己的作息——在还没有手机和苹果手表的时代，这是个巨大的优势。

正如爱因斯坦的几乎所有研究一样，他一开始就对被大多数人视作理所当然的关键假设的有效性提出了质疑，而对相对论来说，这个关键假设就是个人时间等于世界时间。爱因斯坦采用了一种观点，就是后来乔治·哈里森所表述的，也是我在这一章开篇所引用的观点，并将它升级成了一种假设，那就是，我们可以测量的唯一时间，就是我们在所在之处经历的时间。

这听起来像是一种同义重复，我们在世界上的经验让我们想当然地认为，我们手表上测得的时间也是在隔壁房间测得的时间。然而这是一个需要通过实证来检验的假设。而爱因斯坦在仔细而精确地检查一个人如何同步时间后发现，这个假设可能是错的。

我们在自己的位置上直接体验着时间，而所有关于其他位置的时间流动的知识，都来自我们接收的信息，这些信息从遥远的位置到达我们这里需要一段有限的时间。然后，我们再根据这些远程观察进行推断。

因为光速太快了，我们在观察周遭的事件时，似乎很自然地就假设它们是同时发生的，因为在实际条件下，我们无法察觉这些事件的发生和我们对它们的观察之间的时间延迟。爱因斯坦决定质疑这个常识性的假设，因为他意识到，他那个时代的前沿物理学中隐藏着一个悖论。

就在40年前，伟大的理论物理学家詹姆斯·克拉克·麦克斯韦在同样伟大的实验物理学家迈克尔·法拉第的开创性研究的基础上，详细阐述了电磁理论。麦克斯韦的理论预言，光是电磁场的一种波，它的速度由两个基本的自然常量决定，分别是两个电荷之间电力的强度以及两个流环之间磁力的强度。这些常量反映了空间本身的基本属性，因此，对所有观测者来说，它们的测量值应该都一样。

爱因斯坦发现，麦克斯韦的结果意味着，所有观测者无论自身运动状态如何，无论是朝向还是远离他们所观测的光源，测量到的光相对于他们的运动速度都是相等的。否则，不同的观测者就会测量到不一样的电磁力性质，这就和麦克斯韦理论的普适性冲突了。

爱因斯坦决定假设麦克斯韦的理论是基本的，而与观测者无关。但他意识到，这就带来了一个问题，因为常识告诉你，如果你朝着一束光的光源移动，光束向你移动的速度应该比你静止不动时要快，这就好像在路上开车时，迎面而来的车辆靠近你的速度比你站在路边不动时更快。

爱因斯坦为人称道之处在于，他乐于发问，思考如果常识是错的，那么后果会怎样，而在这个例子中，常识正是错的。由于速度是由一段特定时间内的移动距离决定的，他发现，如果距离和时间的测量的确与观测者有关，那就有可能调和麦克斯韦所做的光速应该与观测者无关的预言。如果对相对运动的两位不同的观测者而言，距离和时间都以某种协调的方式变化，他们测量的光速就可能是一样的，这样就能证实麦克斯韦理论的普适性。

爱因斯坦在向前跨出如此大的这一步时意识到，虽然这种假设似乎和经验冲突，但和人通常体验的速度相比，光速太大了，因而对地球上不同观测者来说距离和时间测量结果的任何预期变化都难以察觉。因此，这种变化有可能没有被注意到。

一旦做出空间和时间是相对的假设，只用高中代数就能够精确计算出两位相对运动的观测者的时间和空间测量结果的变化幅度。

虽然数学计算最终很简单，但以正确的方式提出物理问题，从而推导出他的方程，需要一些想象力。爱因斯坦诉诸他所谓的“思想实验”来计算两位相对运动的观测者之间时间和空间测量的差异。他在瑞士生活，用来引导他分析的思想实验自然离不开火车，特别是火车上的时钟。他想象了站台上的观测者如何测量一列行驶火车上的时间流逝，想象地面观测者让自己的时钟与行驶火车中央的观测者的时钟同步，他又如何测量放置在火车前端和末端的、与火车上的观测者的时钟同步的时钟上的时间。最后，他还考虑了站台上的观测者如何测量火车的长度。

任何物理学入门教科书都会复述他的思想实验所做的计算，但就我们的目的而言，只要介绍一下他的结果就够了：

1. 站台上的观测者观察到行驶火车上的时钟看起来走慢了。
2. 在站台上的观测者看来，在行驶火车前端和末端的、与火车中央的时钟同步的时钟，看起来并不是同步的。这意味着，对于发生在空间上远离他们每个人的地点的事件，两个人会测出不一样的时间顺序。对于这样的事件，一位观测者的“前一件事”是另一位观测者的“后一件事”。
3. 站台上的观测者进行测量时，火车上的观测者朝火车运动方向上握着的尺子看起来更短。

在所有这些情况下，当速度 v 与光速 c 相比很小时，两位观测者的观测结果的差异是 v^2/c^2 的量级。这个数很小，所以在爱因斯坦进行分析的那个时代，其影响自然不会被注意到。

现在我们能测量这种差异了，爱因斯坦的预测也得到了验证。时间和空间是相对的，“现在”只对你所在之处发生的事件存在客观意义，所以“现在”并不是全宇宙的普适概念。

爱因斯坦的预测尽管很奇怪，但并没有立即显现出自相矛盾，要等到你想到了火车上的观测者的测量结果时才会发现矛盾之处。这位观测者观测到了和站台上的观测者观察到的相同效应，只不过现在测量的对象成了站台上的时钟和尺子！两位观测者都认为对方的时钟走慢了，都觉得对方手中的尺子更短，等等。这种影响完全是相互的。

第一次听说这一事实时，大多数人会推断两位观测者之间的测量差异只是一种错觉，不反映任何客观现实。怎么可能你的钟测出来我的钟走得慢，而我的钟也测出来你的钟走得慢？

但这个悖论只有在你假设时间的流动是普适的，并且你的测量具有任何超越你所在的局域参考系的客观意义时才会出现。但事实并非如此。时间的流动与观测者有关。为了证明这些测量差异不是一种错觉，而是真实存在的，我们可以诉诸爱因斯坦最早描述的一个著名案例，也就是所谓的双生子佯谬。

有一对双胞胎，其中一人乘坐宇宙飞船以接近光速的速度出发，前往 25 光年外的恒星进行一次往返旅行。50 年后，留在地球上的双胞胎弟弟欢迎哥哥回家，却发现哥哥几乎没有变老，而他自己已经老了 50 岁！

乍一看这似乎并不矛盾。毕竟，在地球上观察到的是，宇宙飞船中的双胞胎哥哥的时钟走得慢，所以它在旅程中可能只走过了相当于一个星期的时间。

但当我们从宇宙飞船上哥哥的参考系来思考这种情况时，问题就出现了。那位哥哥难道不会同样测量出他在地球上的弟弟的时钟走得慢吗？

解决这种佯谬离不开这样一个事实，那就是，两兄弟的情况不是可互换的，因为宇宙飞船上的哥哥在整个航程中并不是在以恒定的速度移动。为了掉头回来，飞船上的哥哥不得不放慢速度，停下来，然后转头回来。在此期间，他经历了一次减速和加速，把他从座位上拉下来又推回座位上。（另一种情况是，哥哥可以绕着恒星转动并返回，但在这种情况下，他也会经历一次加速。）但地面上的弟弟却没有经历这样的加速度。

那么显然，由于有了加速度，一定会发生一些奇怪的事。的确，算出的数学结果表明，在地球上的弟弟身上的几乎所有老化，都发生在他的宇航员哥哥转向的很短一段时间里。在宇航员转向前，地球上的弟弟的时钟比飞船上的时钟要慢，但就在转向后，他用飞船上强大的望远镜观测地球时，看到地球上时钟的日期现在差不多比他这里快了 50 年！

为了不让你觉得这都是胡编乱造，双生子佯谬的结果已经用一座装在绕地球飞行的飞机上的灵敏原子钟得到了检验。当飞机返回基地时，飞机上的时钟的确比地面上一样的原子钟更慢，虽然这个例子中的差值仅为百万分之几秒，但足以证实爱因斯坦的预测。

加速物体身上的时间流逝的怪异之处，或许激起了爱因斯坦对加速系统的好奇。我很快就会详细介绍，爱因斯坦用了另一项截然不同的思想实验，以此向自己证明，无论一个加速的人经历了什么，他身上发生的事情都应该和受到引力的人别无二致。

简而言之，爱因斯坦的理论是，在加速观测者的参考系内进行的所有测量的结果，都和观测者在引力场中静止状态下进行的测量结果完全一致。

这就是让爱因斯坦在 10 年后提出广义相对论和引力理论的垫脚石。我们目前没有必要详细介绍这个理论的所有细节。你只要知道，这种时间的相对论意味着，如果加速度以客观可测量的方式改变了时间流，那么引力也一定会变化。

1959—1960 年，哈佛大学的罗伯特·庞德（Robert Pound）和小格伦·雷布卡（Glen Rebka Jr.）第一次对此进行了检验。这两位具有独创性的实验学家在哈佛大学物理系大楼的屋顶附近放置了一个放射性钴源，它发射的高能伽马射线会被铁的同位素铁–57（^{57}Fe）样本吸收。在他们的实验中，铁样本会被激发，随后发射出一种能量相当特殊的伽马射线，这种射线的频率也因此非常独特，对应于铁核的基态和它们的第一激发态之间的能量差。在一根长管的另一端，也就是这幢建筑里深 74 英尺（约 23 米）的地下室里，还有一份类似的铁样本，以及一台伽马射线探测器。如果从屋顶发射的伽马射线的频率与撞击地下室铁源的射线的频率一致，那么这个源就会吸收伽马射线，为核供能，让它高效地进入第一激发态。

我们可以把光的频率看作一台精确的时钟，因为其每秒振荡的次数是固定的，就像时钟的运转。就铁核从第一激发态弛豫时发出的伽马射线而言，这台时钟每秒要走超过 10^{18} 次。

如果地下室的时钟与屋顶时钟运行速度不同，那么屋顶和地下室的辐射源发射或者吸收的频率就也会有所差异。庞德和雷布卡就能通过竖直上下移动屋顶上的铁源，证实这种极微小的效应。庞德和雷布卡利用了著名的多普勒效应，这种效应说的是，一个发射源朝向你移动时发出的辐射频率会变得比静止时更高，远离你时频率则会更低。这样一来，他们就能通过移动相对于实验室中静止的源的屋顶源，略微改变发射的光的频率。

果然，他们在改变频率时发现，地下室铁源优先吸收的屋顶移动铁源发出的光，要比屋顶铁源相对于地下室铁源静止时发出的光的频率略低。类似，如果把移动的源放在地下室，他们发现，屋顶铁源会优先吸收频率略高于地下室静止铁源发出的光。这意味着，地下室的“铁时钟”比屋顶上那台时钟走得更慢，就像爱因斯坦预测的那样！

鉴于爱因斯坦预测的净效应差不多只有 10^{18} 分之一，在1960 年就达到这种灵敏度的实验可谓代表了一种实验巧思的胜利。如今，我们已经有了极其精密的原子钟，其精度远远超过了检验这一预测所需的精度。

由于地球引力场并不大，我们可以用更简单的术语来理解这种广义相对论效应：光在向上攀登的过程中为对抗地球引力，失去了能量。低频的光包含的能量更少，因此，光会向波长更长、频率更低的状态移动。这种效应被称为引力红移，因为红光是可见光谱中波长最长的那个部分。

前面说过，虽然这种影响微乎其微，但现代技术已经能直接测量它，不仅如此，它还在我们日常生活中起到了相当大的作用。你如果开车或者走路的时候用过手机GPS（全球定位系统）指路，就离不开这一事实：我们知道引力红移，并且可以根据其调整我们的原子钟。

GPS卫星利用一种三角测量程序工作，我们可以将其简化示意如下：卫星携带着精密校准的原子钟，可以发出时间信号，被你的手机接收，而你的手机又能记录接收到信号的时间。因为信号是以光速传播的，这就说明了你的手机离卫星有多远。你的手机如果能和三颗甚至更多卫星进行同样的操作，就有可能在三维空间中被精确定位。

当然，整个过程都取决于不同时钟的精密校准。但各种卫星都在以不同的、相对比较高的速度相对于你移动，而且它们的高度距离地球表面大约 12 000 英里（约 20 000 千米）。这些因素叠加意味着，卫星上的时钟被观测到的运转和地球上同样时钟的运转略有不同。

在这种情况下，由于狭义相对论效应，卫星的速度会让时钟每天慢大约 7 微秒，而由于广义相对论的影响，卫星比较高的高度又会让时钟每天快大约 45 微秒。这可能看起来并不多，但如果忽略这一点，在使用一小时后，我们的位置精度就会偏离将近一千米。

如果时间流逝的速度不仅取决于一个物体的运动，还取决于它所处的环境，那么我们自然就会去考虑更多奇特的环境，还有它们对时间可能产生的影响。但宇宙能有多奇特呢？是否有时间本身压根儿就不存在的地方？这一点，我们还不知道……

我们第一次接近这个已知的极限，是在引力强到我们观测它的能力受限时，在这里，我们对引力本身的基本理解可能土崩瓦解。

如我之前所说，我在地球上的时钟比在更高高度的卫星上的时钟走得更慢，虽然只是慢一点点。但地球的引力场毕竟相对较弱。那么更大质量、表面引力强得多的天体会怎么样呢？

第一个认真思考引力的极端情况的人是名不见经传的英国牧师兼科学家约翰·米歇尔（John Michell），他出生的时间比艾萨克·牛顿去世早 3 年。米歇尔在剑桥大学教授几何学、希腊语、希伯来语、哲学和地质学，而仅仅 75 年前，牛顿正是在剑桥公布了他著名的万有引力定律。科学史家埃德蒙·惠特克（Edmund Whittaker）爵士认为，米歇尔是牛顿之后的一个世纪里剑桥大学唯一一位卓越的自然哲学家，但遗憾的是，历史对米歇尔并不友好，用惠特克的话说，他的名字“完全从剑桥的传承中消失了”。

尽管如此，1783 年，在牛顿的《自然哲学的数学原理》出版近百年后，米歇尔首次提出了他所谓的“暗星”的存在。牛顿曾假设光是粒子构成的，米歇尔采纳并应用了这种假设。他推断，就像炮弹和苹果一样，光的粒子会被行星或者恒星的引力吸引，它们如果速度不够快，就会被拉回行星或恒星。

当时的人们就知道，从地球表面发射的物体的逃逸速度约为每秒 11 千米（也就是大约每秒 7 英里）。但如太阳这般重的天体呢？牛顿本人估计，太阳的质量大约是地球的 20 万倍，这比实际值小了大概一半。这是用 1761 年和 1769 年金星凌日的数据测得的。然后，从太阳在天空中的角大小有可能确定它的半径。一旦有了半径和地日质量比，就能用测得的地球表面物体的加速度，求得太阳表面的逃逸速度。它大约是每秒 618 千米，几乎是地球逃逸速度的 60 倍，大约是光速的五百分之一。

米歇尔还想知道比太阳更重的天体的情况。他想到了一个和我们的太阳成分相同，因而密度也相同的恒星，但这颗恒星的尺寸被等比例放大了。在这种情况下，逃逸速度和它的径向尺寸成正比。米歇尔因此计算出，一颗大小等于我们太阳 500 倍的恒星，其逃逸速度将达到光速。

他认为，宇宙中可能充满了许多这样的暗星。他有先见之明地在 1783 年写道：

> 如果自然界真的存在密度不小于太阳、直径超过太阳直径 500 倍的天体，它们的光就无法到达我们这里；或者如果存在其他体积稍小且天然不发光的天体；在这两种情况下，我们都无法从视觉上得到任何关于这些天体存在的信息。但如果碰巧有其他发光天体围绕它们旋转，我们或许仍然有概率从这些旋转天体的运动中推断出中心天体的存在。

我们现在知道，逃逸速度接近光速时，牛顿的万有引力定律便不再适用。取而代之，我们必须转而借助广义相对论，它考虑到了空间的曲率以及时间延缓。然而，广义相对论针对逃逸速度达到光速的半径的情况给出了完全一致的答案，也就是所谓的事件视界。所以米歇尔的思路是对的，如今我们称这类天体为黑洞，而不是暗星。

回想起来，米歇尔的分析更为惊人。他认为，我们可以通过观察绕暗星运行的天体的运动来发现暗星的存在。这正是天文学家用来证实银河系中心存在黑洞的工具。而且这项观察结果十分重要，因此获得了 2020 年诺贝尔物理学奖。对于一位如今已被人遗忘的剑桥教授来说，这已经相当不错了。他还发明了首个测量引力强度的实验装置，但在他去世后留给了其他人使用。

不幸的是，米歇尔超越时代的预言消失在了历史的垃圾箱里，这个问题直到人们开始辩论在广义相对论的背景下黑洞存在的可能性时才重新浮出水面。爱因斯坦本人也无视了这种可能性，因为他同样担心，黑洞存在会影响我们对将在这里讨论的物理定律的理解。物理学家花了近 50 年才承认黑洞存在的理论可能性，又花了 25 年的时间才得到天体物理学上类似黑洞的天体存在的确凿证据。

广义相对论中的黑洞比米歇尔提出的暗星更有趣、更神秘的地方在于，不仅黑洞的逃逸速度随着天体质量的增加而增加，而且在这个过程中，时间和空间也都发生了显著变化。我会在下一章更深入地讨论空间。这里我将着眼于时间。

正如我们所见，位于引力势阱深处的时钟（比如地球上的时钟），相对于位于引力势阱之外的时钟而言走得更慢。引力势阱越深（逃逸速度也越高），这种效应就越明显。最终，事件视界一旦形成，时间似乎就完全停止了。

从实操角度来说，可以想象一个人落入了一个巨大黑洞的事件视界，并以一定的频率挥着手电筒发出求救信号。当闪光接近事件视界时，你可能看到的闪光之间的时间会变长。你可以把它想象成一台走得越来越慢的时钟。但更重要的是，每次闪光中从势阱中冒出的辐射的波长也会随着波的拉长而变长。闪光会随着时间推移从比如蓝色变成黄色、橙色和红色，然后是红外线、微波和无线电。

这种组合让事情变得格外有趣。第一个事实引出了一个显而易见的悖论：你实际上永远无法看到有人掉进黑洞，因为由于时钟变慢，他们看起来掉落得越来越慢。在他们自身的时间参考系内，他们会穿越事件视界而不会注意到任何奇怪的事情。但对外部观测者而言，他们似乎就在事件视界外定格了。（因此，在俄语中，黑洞最初被称为“冻结的恒星”。这个名字可能没那么吸睛，也许这就是为什么俄罗斯没有以黑洞为主题的科幻电影。）但外部观测者实际上看不到这个定格的最后阶段，因为下落受害者的手电筒发出的光会红移至更长的波长，直到它无法被检测到。因此，这个人在穿过事件视界之前就从我们的视野中消失了。

但如果人们接受了最早由史蒂芬·霍金提出的计算，那问题就大了。霍金认为，把量子力学（我稍后会谈到它）的影响纳入黑洞物理学后会发现，黑洞实际上会辐射出能量，就好像它们是某种以有限温度存在的物体一样。黑洞在辐射能量时会不断变热，辐射得更快，直到在原则上辐射一空。

一个宏观的黑洞，比如太阳大小的黑洞，辐射时间实际上相当漫长，比目前的宇宙年龄长得多。但这段漫长却依然有限的时间确实带来了一个问题。从一个遥远的外部观测者的角度来看，观测一个黑洞的形成需要无限长的时间，因为随着落入的物质越来越接近形成黑洞，这些物质看起来也落得越来越慢，直到看上去悬停在正在出现的事件视界附近。但是，从同样遥远的（长寿的）外部观测者的角度来看，黑洞会在一段有限时间里辐射一空。也就是说，在这个参考系中，黑洞在完全形成之前就会消失。

这的确有问题，但并非不可能。事实上，它表明，在黑洞的整个形成历史和存在的过程中，落入黑洞的所有东西的记录，都可能以某种方式存储在事件视界附近的某个地方。我们将在下一章讨论这种可能性，届时我们将着重讨论空间和黑洞。

出于思考有关时间的问题的目的，这种奇怪的行为清楚地表明，事件视界附近的时间行为需要进一步探索。它还揭示，由黑洞之外的观测者测量的时间，一定与实际穿越事件视界的观测者所测量的大相径庭。

我们自然会猜测，既然时间在事件视界上似乎放缓到了零，黑洞内部的时间也许会反向流动。但事实并非如此。黑洞之内发生之事则更为奇怪。

在狭义相对论和广义相对论中，空间与时间之间的区别不复存在。它们被组合成了一个四维的“时空”。哪个是时间方向，哪个是空间方向，往往取决于观测者。这是对一个我们更熟悉的事实的推广，即在三维空间中定义哪个方向是“上”取决于观测者。澳大利亚的观测者指向天空的方向，和欧洲观测者指的恰好相反。同样，在时空中，一个人感知到的空间方向可能是另一个人的时间方向。

这差不多就是一个人穿越黑洞事件视界时发生的事情。要理解这是如何产生的，可以想想如下情景。我们可以用罗杰·彭罗斯阐述的形式体系来区分过去和未来。我们的过去“光锥”包含了所有可能在任意时刻已经接收到的光信号，从时间的开端一直到我们称之为“现在”的这一刻。未来光锥则囊括了所有我在未来可以通过现在发出的光线进行通信的地方。

那么当我越来越接近黑洞的事件视界时，会发生什么？由于黑洞周围空间的弯曲，我向任何方向发出的光线都开始向事件视界的方向弯曲。随着我离事件视界越来越近，越来越多光线发生弯曲，直到它们直指球形的事件视界表面。在事件视界上，我发出的所有光线都会向内弯曲，指向黑洞内部。当我穿越事件视界时，我的整个未来光锥都会指向径向内部的方向。我没法往上走，只能往下走。我的未来位置只有一个方向——向下，随着时间推移，半径不断缩小（但正如我们所见，这个未来不会很长）。在我进入事件视界之前，我在时间上的运动只有向前。现在我的未来只有向下。空间（也就是半径）已经变成时间了。

我落入时会感受到似乎是从下方升起的光线，这些光线可能在黑洞形成的最初时刻就进入了视界。对于一个假想的黑洞而言，这个时刻可能要多久远就有多久远。从“上面”，我会遇到在我之后进入事件视界的光线，而由于蓝移，这些光线将在任意遥远的未来进入事件视界，而时间则在外部宇宙中流淌。

朝着一个方向望去，我看见了过去。向上看，我目睹未来在我眼前流逝。过去和未来将由它们的方向来区分，而两个方向仿佛都可以到达。时间变得像空间一样。当我在自身的终点前游走，我能区分过去和未来，也能抵达过去和未来，当我无可阻挡地坠落时，我的终点早已注定，无论我做什么，半径都会不断缩小。事实上，与黑洞物理学有关的一个严酷的事实是，我越努力向上，向下的速度反而越快。

从这个角度来看，黑洞内部的时间“空间”多大都可以。尽管从外部看，事件视界似乎只包括一块可能很小的有限体积，但它可能大到足以包含一整个（原则上是无限的），甚至可能在不断膨胀的宇宙。从这个意义上来说，黑洞的内部让人想起C. S. 刘易斯笔下《狮子、女巫和魔衣橱》中的魔衣橱。在这本书中，外面看起来有限大的衣橱，可以通向衣橱里的一个全新的世界。

另一方面，时间是有限的。无可阻挡的向下行进结束于某处，在那里，空间和时间似乎失去了所有意义。在这个“奇点”处，我们所知的物理学土崩瓦解。它通常被认为是一个具有无限密度的点，但它恰恰代表了一个时间上有限、可能在空间中无限延伸的点。

对于落入的观测者来说，奇点代表了时间的终结。时间停在那里，引力变得极大，一旦进入事件视界就无法避免这样的结局。对落入由质量相当于太阳的天体形成的黑洞的人而言，从进入到遇到奇点之间的时间通常比一眨眼还短。而如果是许多星系中心数十亿倍太阳质量的超大质量黑洞，人们可能有一分钟左右的时间来思考自己的结局。

但这是一种怎样的结局呢？我们不知道。一旦打破空间和时间的概念，我们描绘现象、描述事件和做出预测的能力也就不复存在了。

我们不知道究竟有没有奇点，也不知道对引力的基本物理学理论的新理解会不会改变空间和时间在小尺度上的行为。大多数物理学家都认为会有这样一种变化，或者希望它发生，但宇宙并不是为了取悦物理学家而存在的。

如果的确存在奇点，我们也不知道时间或空间在此处会发生什么变化。

我们甚至不知道“时间的终点”到底意味着什么。

关于黑洞坍缩的这种终极状态及其物理表现，存在各种各样的猜测，最乐观的一种是，人们可以穿越奇点进入另一个空间和时间的宇宙。但在我们发展出一个在黑洞奇点附近的极端曲率下，以及在空间与时间的无限小的尺度上都依然成立的引力理论之前，这一切都还是猜测。

我们终将面对我们自身时间的终点，也就是我们的死亡。这种前景很可怕，以至于世界上许多宗教都通过一些类似黑洞时间奇点的猜测性说法，给人们带来一丝慰藉。他们认为，死亡会将人带入另一个领域，也就是来世，在那里我们经历的时间并不存在。许多宗教还明确预言了“世界末日”，也就是我们这个世俗时代消失之时。从这个意义上说，黑洞中有限的时间终结的可能性似乎也没那么难以理解。

但时间的开端则更具挑战性。它迫切需要形而上学。毕竟，如果没有“之前”，我们要如何理解因与果，也就是我们对世界经验的重中之重？如果时间本身有开端，没什么东西早于存在的出现和我们世界的动态变化，似乎也就没有我们自身存在的直接原因，或者至少没有自然原因了。不出所料，这就让一些人回到了最后的避难所——诉诸上帝，以逃避真正困难的问题。但对于我们其他人来说，面对一个可能的真正的时间起点，则迫使我们应对一系列物理学上的挑战。

这就是近期宇宙学领域面临的困境，我自己的职业生涯大部分时间都在关注这个学科。我说近期，是因为即使一个世纪前还不存在明显的问题。天文学家那时认为，宇宙基本上是静态且永恒的，没有开端，也没有终结。没有证据表明当时可见的宇宙发生过任何大尺度的演化，所以这并非一种不合理的假设。

但在 1929 年，埃德温·哈勃将他自己用威尔逊山望远镜记录到的数据与其他人的数据结合起来，提供了证据表明，来自遥远星系的光会随着距离我们越来越远而逐渐移向更长的波长。这种宇宙“红移”（前面说过，使用“红”这个字是因为红光代表了可见光谱中波长较长的一端）最简单的解释来自运动物体的多普勒效应，后退物体的光的波长被移到了更长的波长。从表面上看，这暗示着星系之间的距离越大，它们彼此远离的相对速度就越大。

哈勃将他的结果描述为反映星系退行的“视速度”与我们和星系之间的距离成正比，但他并不确定这一现象是否反映了真实的速度或者其他某种效应。

事后看来，对哈勃的结果最简单的解释是，宇宙在所有方向上均匀膨胀。但哈勃从未真正接受这个结论，尽管比利时神父兼物理学家乔治·勒梅特实际上在哈勃宣布其结果的两年前就已经预测到了这种现象。

当时，勒梅特只是比利时一位名不见经传的兼职讲师，但他证明了广义相对论有一个宇宙学的解是均匀膨胀的，也就是说，广义相对论允许宇宙均匀膨胀。他于 1927 年发表的开创性论文出现在一本几乎没人读过的期刊上，直到英国天体物理学家亚瑟·爱丁顿在 1931 年将其翻译成英文，这篇论文才受到了广泛关注。

宇宙可能正在膨胀的概念在当时完全是异端，甚至连阿尔伯特·爱因斯坦（他的方程预测了这种可能性）也拒绝接受，说出了他那句著名的评论：“你的计算是对的，但你的物理很糟。”

1931 年，多亏了爱丁顿，勒梅特的研究已经广为人知，他也回应了爱因斯坦的疑虑。此时，他还提出了一种看似更大胆的想法，事后看来这种想法也是必然的。他认为，如果宇宙在膨胀，它在过去就更小。倒推这种膨胀过程，在过去某个有限时间，整个宇宙就是一个无限小的点，勒梅特称之为“原始原子”，而 1949 年，持怀疑态度的科学家弗雷德·霍伊尔将这个假说称为“大爆炸”。

虽然爱丁顿发现勒梅特的膨胀宇宙学与哈勃的观测结果高度吻合，但将它倒推的必然结果对他却几乎没什么吸引力。爱因斯坦也反对宇宙从这样一个无限致密的奇点出现，在物理上的理由和他反对黑洞的理由如出一辙。

但撇开爱丁顿和爱因斯坦不谈，我们还是要记住，宇宙并不受科学家觉得有趣还是无趣的观点支配。对目前观测到的大爆炸膨胀的经典倒推暗示着，大约 138 亿年前，宇宙诞生于一个奇点。就像黑洞蒸发的最后阶段的奇点一样，时间和空间在这一点上确实崩塌了。

1965 年，罗杰·彭罗斯证明，在广义相对论的背景下，黑洞坍缩的最后阶段一定会产生一个奇点，他也因为这项研究获得了诺贝尔物理学奖。史蒂芬·霍金后来拓展了彭罗斯的证明并表明，在某些能量特性的一般条件下，比如在一个由物质或者辐射主导的宇宙中，循着广义相对论方程倒推，不可避免会在有限的过去到达一个奇点，这个奇点上的时间和空间都无法定义。简而言之，似乎在某一刻不再有“以前”了，至少以我们目前对这个词的理解来看是这样。

大爆炸在流行文化中太过根深蒂固，以至于我们已经无法想象意识到宇宙可能不是静态且永恒的而产生的心理转变。永恒的宇宙可以消除所有难题，不用担心创世或者未来，也不用关心地球上的生命为什么会进化。但如果存在一个开端，一切都会改变。

也许正因如此，从勒梅特第一次提出他的想法至今，宇宙膨胀理论一直都面临多方的阻力。最早的批评来自英国科学家兼科幻小说作家弗雷德·霍伊尔，他给这种想法起了一个他觉得很滑稽的名字揶揄了一番。不幸的是，“大爆炸”这个名字实在太好，于是就此叫开了。无论如何，霍伊尔和同事们一直工作到生命的尽头，试图建立一种相反的理论，他们称之为稳恒态模型，其中宇宙在最大的尺度上是亘古不变的。

尽管霍伊尔可以就观测到的哈勃膨胀的意义据理力争，但 1965 年（大爆炸的辐射余辉造成的）宇宙微波背景（CMB）的发现给了稳恒态理论致命一击。这一发现不仅为大爆炸膨胀本身的真实性提供了坚实的实证基础，还为我们将观测到的膨胀倒推上百亿年，直到大爆炸后 38 万年的能力提供了依据，这个时间就是目前观测到的微波背景开始自行演化的时间。

一年后，詹姆斯·皮布尔斯做出了一项强有力的预测，表明大爆炸的膨胀确实能够一直推演到大爆炸发生后的几秒。詹姆斯·皮布尔斯是普林斯顿大学研究团队的一员，这个团队曾着手寻找CMB，但被附近贝尔实验室的两位研究人员意外抢占了先机。

20 世纪 40 年代，拉尔夫·阿尔弗（Ralph Alpher）和乔治·伽莫夫认真考虑了大爆炸的想法，他们认识到，倒推可能意味着早期宇宙不仅更致密，温度也更高。在最初的几秒里，温度可能超过 100 亿度，这样的温度和密度会引发核反应。他们还意识到，这些反应可能让早期的质子、中子、电子、中微子和辐射组成的致密等离子体发生演化，制造出氦和锂这样更重的元素。

CMB 的发现证实了热大爆炸的图景之后，皮布尔斯基于测得的 CMB 温度以及实验室中测量的核反应速率证明，一般来说，宇宙中大约 25% 的质子（按重量计算）会在大爆炸后最初的几百秒内发生反应，形成氦核。当时（实际上是从那时起），没有任何关于宇宙中恒星演化的模型能解释如何在恒星核的核反应中把超过约 2% 的原始质子转化为氦。但在最古老的恒星和星际气体中测得的氦的丰度确实是大约 25%。这是一项惊人的预测，除了大爆炸之外不存在其他任何可能的解释。

自从第一项计算起，对轻元素的宇宙丰度的测量也都和大爆炸的预测吻合，包括氘和锂，它们的预测值从氘的十万分之一到锂的百亿分之一。除此之外，精确的预测取决于宇宙中质子的密度，而这种密度可以通过 CMB 的详细特性独立测得。你猜对了，大爆炸核合成预测的质子密度与 CMB 的测量值完全一致。

简而言之，大爆炸不仅真的发生了，而且预测和观测之间的一致性意味着，我们的确可以将当前的膨胀倒推回大爆炸之后大约一秒。

一秒似乎不算多，但那是因为我们的生活通常都是以分钟和小时计算的。当然，请记住相对论先生阿尔伯特·爱因斯坦的告诫：如果你正坐在滚烫的炉子上，一秒钟就像一个小时那样漫长……

玩笑暂且不论，虽然我们倾向于线性地体验时间，但大爆炸后的一秒在感觉上其实距离 $t = 0$ 的时间点无限远。这是因为，物理过程发生的速率往往取决于宇宙的温度，因此，在高温、高密度的情况下，反应速率比低温时要快得多。

宇宙的温度与时间的幂负相关，所以当时间趋近于零时，宇宙的温度趋于无穷大。用 10 的幂来想，在 100 亿度和无穷大之间有无数个 10 的幂。或者考虑时间上 10 的幂，在 1 和 0 之间也有无数个 10 的（负数）幂。

顺便提一件有趣的事儿，这里有一则鲜为人知的“冷知识”：由于反应速率随温度增加而呈指数增长，并且宇宙在接近 $t = 0$ 时，温度飙升，可以估计出，在宇宙历史的第一秒内，粒子之间发生的反应比整个宇宙未来历史中可能发生的反应总和还要多，即使宇宙会永恒不断地发展下去也是如此！从这个意义上来说，我们是在几乎所有美好事物发生之后才出生的。

尽管这个事实可能很神奇，但我想在这里澄清一件事，因为我收到了很多询问这个问题的邮件。在大爆炸的最初时刻，时钟是以同样的速度运行，还是说它们也会加速，甚至可能变慢？答案是，它们会以差不多和我们如今地球上的时钟一样的速度运行。第一秒真的只有一秒那么长，或者至少可以说，第一秒的几乎一整秒只有几乎一整秒那么长。一旦我们回到非常接近 $t = 0$ 的时刻，一切就都无法预测了，因为我们目前对物理定律的理解到那一刻完全失效了。（稍后还会详细介绍。）但是在这个假定的瞬间之后，即使宇宙炽热而致密，对于所有的“共同运动的观测者”——被膨胀的宇宙裹挟的、局域静止的观测者——时钟运转的速率都不变。所以，我们在大爆炸中标记为一秒的宇宙时间，真的就是大约一秒。我在这里写“大约”是因为我们不确定 $t=0$ 或者非常接近 $t=0$ 时会发生什么。

我觉得某些科幻小说作家一定想象过早期宇宙中的一名假想观测者，他的新陈代谢速率随着宇宙温度变化。如果我们把经历的事件数量看作一种寿命的标志，这样一位观测者如果从大爆炸的最初时刻活到了一秒“高龄”，可能会觉得他几乎永生了。

但回到我们讨论的重点，在 0 到 1 秒之间有无数个 10 的负数幂，这个事实就说明了获得创世时刻的直接证据的难度。此外，由于反应速率通常和温度正相关，因此与时间的幂负相关，可以想象在 $t=0$ 和 $t=1$ 秒之间可能发生一系列重大事件，而其中任何一个都可能抹去人们希望以某种方式在今天探测到的早期宇宙的有趣残余。

事实上，我们已经知道，在宇宙到达一秒龄之前，发生了一系列有趣的现象。在宇宙诞生后约百万分之一秒时，构成质子和中子的基本粒子夸克首先获得了质量。在更早的时候，它们表现得基本上像无质量粒子。也正是大约此时，夸克首先被限制在我们如今熟悉的粒子中，也就是质子和中子。

再把时间缩小到一百万分之一，四种自然力中的两种，分别是弱相互作用和电磁相互作用，首先开始在性质上分道扬镳。

在此之前，它们在本质上无法区分。可以想象更早发生的其他可能的宇宙里程碑，但到目前为止，我们直接探测这些更早时期的物理现象的能力尚受限于我们建造大型加速器的能力。世界上最大的加速器，也就是瑞士日内瓦的大型强子对撞机目前在探索电弱尺度的现象，这是我们现今可以直接进行实验的尽头。

话虽如此，但我之前提到的一种可能性，也就是某些早期出现的现象可能已经抹去了之前发生的所有证据，带来了一个全新的维度，这来自 1980 年被提出的颠覆性的想法，后来成了现代宇宙学的核心。我说的正是宇宙暴胀。

物理学家阿兰 · 古斯在思考早期宇宙的粒子物理学时意识到，如果自然中三种非引力曾经在所谓的大统一理论中统一起来，那么类似早期宇宙中弱力和电磁力开始在性质上分道扬镳的那一刻的现象可能发生得更早。通常来讲，在这种被物理学家称为“相变”的转变过程中，一种新的行为将支配宇宙的膨胀。

举个例子，在交通繁忙的城市道路上，即使温度低于 32 华氏度（0 摄氏度），水也不会在路面上结冰，因为它会不断受到来往车辆的搅动。然而，一旦交通放缓，水可能就会突然冻住，形成黑色的冰。在自然熔点以下冻住的水会释放能量，使得新形成的冰在一段时间内不会进一步冷却。

类似的现象可能同样发生在宇宙中。随着宇宙膨胀，一种在性质上类似目前渗透到所有空间、赋予基本粒子质量的希格斯场的宇宙场，会“卡”在我们所说的假真空中，也就是一种并非最低能量的状态下。它终会沉淀到真正的最小值，释放出在这种转变之前储存的能量。在广义相对论中，这种储存在空间中的能量会变成一种“斥引力”，而非像所有其他种类的能量那样具有互相吸引的引力。

古斯意识到，这种情况如果发生，可能会引起宇宙的突然膨胀，这可能会让空间在大爆炸后不久的瞬间膨胀亿万个数量级，他称这种现象为暴胀。他发现，这种暴胀过程能解决宇宙学中几个一直以来悬而未决的问题。直到今天，它不仅是对宇宙为什么看上去是今天这样的一种自然解释，也是唯一一种建立在明晰的物理思想之上的解释。

这里不是讨论暴胀理论细节的地方，我已经在我的书《无中生有的宇宙》[①]中讨论过了。相反，我们感兴趣的是暴胀对我们关于时间的想法，尤其是关于时间开端的想法，究竟意味着什么。

这个理论第一个有点儿令人沮丧的暗示是，在暴胀之后，也就是相变完成后，空间中储存的能量被释放出来，产生了随后热大爆炸膨胀的初始条件，而宇宙中所有暴胀前状态的痕迹都被抹去了。也就是说，如果我们希望如今还能观测到一些残余的信号，从而得到关于时间开始的那一刻的实证信息，那这种可能性在暴胀假说提出之前就已经很渺茫了，现在更是渺茫得多。

下一个暗示更有趣。事实证明，暴胀不会轻易结束，至少并非所有地方都是如此。局域来说，背景场可以从亚稳态恢复到

---

① 简体中文版由天津科学技术出版社于2022年出版。——译者注

稳态，恢复的区域会停止指数级快速膨胀并升温。这在那片区域创造了初始条件，发生可被观测到的热大爆炸膨胀。但由于空间在发生相变的区域之间的伪真空区域呈现出指数级膨胀，这些相变的区域在整个空间中所占的比例越来越小。用专业术语来说，相变永远不会“逾渗”，也就是说，它永远不会囊括整个空间。

现代暴胀理论的另一位奠基人、物理学家安德烈·林德（Andrei Linde）发现，这通常会让暴胀变成“永恒暴胀”。亚稳态的场被困于伪真空状态的空间永远在增长。发生相变的小岛和背景的指数级膨胀脱节，并且各自独立演化。每座岛都有一个岛民眼中的“创世时刻”，即相变发生的时刻，背景场的能量以热能的形式释放出来，引发局域的热大爆炸膨胀。但每座岛的创世时刻与空间和时间本身首次在全局范围内出现的时刻完全无关，如果的确存在后者这样一个时刻的话。

这种现象的另一个含义是可能存在所谓的多元宇宙。在背景暴胀膨胀中形成的每一片真正的真空区域，都是一个独立的宇宙，它与膨胀的多元宇宙的其余部分在因果关系上切断了。更重要的是，当相变在不同区域完成时，不同区域的基态可能略有不同（就好像冰晶在窗玻璃的不同位置沿不同方向形成时那样）。如果这种情况发生在不同“宇宙”背景场的配置上，这些区域在实质上就会表现出不同的力、粒子和物理定律。因此，我们所知的物理学，可能只适用于我们的宇宙局域，而不是一种全局现象。

回到时间的问题上，伍迪·艾伦曾说过，“永恒是一段很长的时间，接近终点时尤其如此”。但实际上，如果开端也在永无止境的远方，它同样如此。一个在过去永恒的多元宇宙，与一个仅仅是起源于我们的局域大爆炸的后暴胀时期开始前很久的多元宇宙截然不同。事实上，两者有无穷大的差异。

如果我们局域的大爆炸膨胀并不能追溯到永恒的过去，多元宇宙会不会能够永恒存在呢？如果以包括广义相对论在内的已知物理定律为基础，答案是否定的。古斯和合作者已经证明，如果不考虑与量子引力理论有关的可能的新情况，那么多元宇宙是有开端的。霍金关于我们大爆炸的论点同样适用于多元宇宙的起源。一个奇点似乎不可避免地出现在有限却可能相当遥远的过去。

然而，一旦考虑到与空间和时间本身有关的可能的量子效应，谈及时间可能开始的那一个“瞬间”的问题，一切就都变得无法预测了。

霍金和他的合作者吉姆·哈特尔（Jim Hartle）很早就提出了他们所谓宇宙“无边界的边界”条件。在这幅图景中，人们无法在有限时间内追溯到一个开端。空间可以在没有时间存在的情况下演生[①]出来，而时间则会从纯粹的空间中演生出来。

我很想说时间会在“开端之后”演生出来，但如果时间根本不存在，这种说法当然就不对了。这是摒弃时间会带来的部分问题。没有了时间，我们对现象的所有直觉观念都不再适用。

---

① 演生（emerge），又译涌现、突现、呈展，指系统内各组分相互作用而产生单个组分所没有的性质与特点的现象。——编者注

另一种可能性我在博士后生涯早期亲身探索过，结果发现我身边的同事兼好友亚历克斯·维连金（Alex Vilenkin）比我抢先一步独立发表了论文，这种可能性便是，暴胀的时空是通过一种被称为“隧穿”的量子过程，从“无”中直接演生出来的——“无”就是说，没有空间，也没有时间。在广义相对论中，量子场论中的一个过程被称为瞬子（之所以如此命名，是因为它可以被认为是一个瞬时发生的过程），描述了一个指数级膨胀的非零空间突然通过量子过程演生出来。

霍金–哈特尔和维连金的图景都表明，量子引力动力学既可以摒弃麻烦的初始时空奇点，又能在此前不存在的情况下产生一个我们这样的宇宙——这也支持了我在《无中生有的宇宙》中说到的一些观点。虽然隧穿概念对创世“瞬间”的定义更明晰，但这两种理论都有一个共同的特性，那就是，我们测量的时间与我们可测量的宇宙是一同演生的，因此，关于我们宇宙“之前”存在什么的问题可能根本就不是个有效的问题。

那么，永恒就是一条只能通向未来，而不会倒退回永恒的过去的单行道了？也许正如你所料，答案是否定的。量子引力的不确定性再次留出了一系列可能。

罗杰·彭罗斯和其他几位独立提出类似主张的物理学家认为，我们目前正在膨胀的宇宙，只是一个膨胀—再收缩的无限循环的最近的一部分，但在我看来这并没有那么令人信服。这幅图景从直觉上来说很吸引人，因为它摆脱了开端，也因为它用一种对称的方式对待过去和未来的时间。但直觉上的吸引力并不能保证科学上的正确性，到目前为止，循环宇宙的概念似乎只对少数物理学家有说服力。而且，这种证据不足的论断似乎最终还要越过奇点，否则奇点似乎就将过去的收缩与未来的膨胀一分为二了。它还需要一些有关未来的物理定律的假设，而这些假设目前也毫无依据。

最近我第一次从阿兰·古斯那里了解到的另一种可能性是，在时空的量子奇点附近，时间本身可能会向两个方向演生，因此识别不出明确的开端，这样一来无限回溯到过去就是可能的。这也有一定的吸引力，但据我所知，这只是猜测，没有任何坚实的理论基础。

所有这一切的结果是，量子引力几乎可以承诺任何事情，但目前带给我们的却很少。然而，量子引力让我们实际上知道了我们所不知的东西，它隐藏了有关时间的重要细节，就像黑洞隐藏其事件视界内的一切那般成效显著。

最近，尤其是在新冠病毒大流行期间，我最喜欢的旅行方式就是回到我偏远的乡村乐园。我们都认为从哪里来就能回到哪里去是理所当然的事情。三维空间完全可以穿越，你可以在任何方向前进或者后退。

但时间却并非如此。我们似乎被无法抗拒的力量一秒一秒地推向未来。过去犯的错，还有过往的欣喜，都只能在我们的记忆中被纠正或者重温。

从广义相对论的角度来看，这种空间与时间的对立似乎尤为奇怪。毕竟，空间和时间彼此交织，正如我们所见，一个人的时间可以是另一个人的空间，这取决于他们的参照系。

那是什么原因呢？有可能进行时间上的往返旅程吗？

我们中大多数人可能都思考过时间旅行的可能性，一些有史以来最好的科幻小说，包括H. G. 威尔斯的《时间机器》[1]，都涉及造访另一段时间、改变过去或者未来的不可避免的悖论。

这些悖论表明了时间旅行至少有问题的原因之一。如果我回到过去，在我外祖母生下我母亲之前杀了外祖母，那么当我回到现在，我母亲便不可能存在，而我也就不可能存在了。那我最初又是如何回到过去的呢？

这类悖论经常成为科幻小说的素材，比如我最喜欢的《星际迷航》里的情节，或者《神秘博士》里的塔迪斯（TARDIS）[2]，但如果有时间机器的话，对它而言还有一个不常被提及的问题：时间机器必须同时是一台空间旅行装置。

地球正以每秒 30 千米的速度绕太阳公转。如果我在现在的位置上回到一分钟前，地球就得在它的轨道上往回移动大约 1 800 千米，这几乎是横跨北美洲距离的一半。如果是回到一小时前，那地球需要移动的距离则有 10.8 万千米，大约是地月距离的四分之一。这意味着我从我的时间机器中出现时，会处在一片空旷的空间里——在更粗暴的结束之前猛然惊醒。

出于这些原因，还有我稍后将详细说明的其他原因，许多

---

① 简体中文版由中信出版集团等出版社出版。——译者注

② 《神秘博士》中的时间机器。——译者注

物理学家认为，时间倒流是不可能的。为我的书《〈星际迷航〉里的物理学》[①]作序的史蒂芬·霍金曾经说过，时间旅行是不可能的，因为如果这是可能的，那我们早就被来自未来的游客淹没了。但我回答他，有可能他们都回到了20世纪60年代的野外，并没有人注意到。

然而，我们喜欢也好，不喜欢也罢，自然就是它本来的样子，时间旅行是否可能，并不取决于它是否会引出那些困扰我们的悖论。事实上，众所周知，广义相对论方程确实允许能让时间旅行成为可能的宇宙存在，后者具有“封闭类时曲线”，也就是时间上的往返旅程。当然，问题是我们是否或者能否生活在这样一个宇宙中。

广义相对论方程可以用一种极具启发性的特殊形式来表示。时空几何的属性在左，而物质和能量的属性则在右。用这种方式表达以后，就能明显看出，只要我们能写出一条包含封闭类时曲线（时间的往返旅程）的几何方程，就一定有一种物质和能量的数学配置会得出这样的结果。但问题在于，这样一种质量和能量的数学配置在物理上能否实现。或许如你所料，答案是，我们不知道。

我在《〈星际迷航〉里的物理学》中介绍过，这样一种配置在物理上特别容易描绘出来，那就是一个稳定的虫洞——差不多就像穿越空间的隧道一样的捷径，连接着其他相距甚远的

① 简体中文版由海南出版社于2016年出版。——译者注

点——总能变成一台时间机器。原因在于，如果虫洞的一个“口”在背景空间中保持静止，而另一个口在背景空间中移动，那么位于虫洞两端的时钟就会以不同的速率运转。你可以设想这样一个场景：一个人穿越虫洞，出来时带着一台移动的时钟，这台时钟的运转比虫洞另一端的时钟慢得多，然后他穿越背景空间，回到原来的出发点，在离开之前就到了！

基普·索恩和他的合作者在 1988 年首次指出，问题在于，如果我们只能用正常的物质和能量来创造虫洞，虫洞就不可能是稳定的。虫洞的每个口都会坍缩，形成一个黑洞，没有任何东西可以在比穿越虫洞还要短的时间里逃脱。

稳定虫洞的唯一方法是用一种奇异的新型能量，也就是所谓的“负能量”材料来填充虫洞，而有说服力的论据表明，人们即使在原则上也无法在实验室中创造出这种能量。这些论证很有说服力，但也并非绝对。还是一样，要解决这个问题，就要知道如何理清弯曲时空的精确相对论量子特性，但我们还不具备这样做的技术。结果便是，对那些向往过往美好时光的人来说，或许还有希望……

最后，我们的宇宙真的有末日吗？《圣经》或许喜欢这样一种未来，但数据显示并非如此。观测到的宇宙膨胀似乎正在加速，因为存在一种渗透整个空间的非零的能量。

这种加速暗示着一种暗淡却永恒的未来。之所以永恒，是因为如果空的空间的能量保持不变，目前观测到的膨胀就永远不会停。之所以暗淡，则是因为在这种情况下，我们现在能观测到的所有星系，最终都会以超过光速的速度远离我们。（这在广义相对论中是允许出现的，因为星系在它们的局域参考系中是静止的，是我们和遥远星系之间的空间在膨胀。狭义相对论仅仅告诉我们，物体在空间中的运动速度不能超过光速。但是在狭义相对论为讨论空间本身的膨胀而拓展的版本，也就是广义相对论中，空间本身的膨胀并不受限于此。）

在这种情况下，宇宙的其他部分在数万亿年的时间尺度上都会消失不见，剩下的只有我们自己的银河系（那时，银河系将和其他几个星系相撞，大体上变成椭圆形，而不是现在可爱的旋涡形状）。我们可以说现在能观测到那么多星系的自己是幸运的，因为数万亿年后，行星上的天文学家只能观测到一个星系。最终，银河系中的恒星都将燃烧殆尽，而银河系中心的黑洞可能会变大，吞噬掉星系中其他所有质量。但如果霍金是对的，黑洞也终将在更远、更远的未来辐射至消失，我们现在所处的空间只剩下一个冰冷、黑暗、看似空无一物的宇宙。

你可能已经注意到了最后几段中的几个“如果”。本着查尔斯·狄更斯的精神，这种暗淡的未来是“可能”的未来，因为我们不知道目前观测到的空无一物的能量，也就是空间本身，是一种基本属性，还是像在我们宇宙的早期历史中驱动假想的暴胀阶段的能量一样，仅仅是一种暂时的属性。

如果这种能量消失了，未来宇宙的膨胀可能截然不同，这取决于宇宙在比我们目前能测量到的更大的尺度上的未知几何形状，还取决于空间本身的未知属性。虽然目前测量到的空的空间的能量有一天可能会消失，但谁敢说不会有更小的空间剩余能量存在呢？谁又能断言这种能量是正的还是负的？如果它是负的，那么宇宙终将坍缩。

1999 年，我和同事迈克尔·特纳（Michael Turner）发现，如果找不到关于宇宙最基础的几何结构以及宇宙最基本的真空能的无穷的数据，或者没有一种在量子水平上完全阐明自然中的物质和力（包括引力）的结构的“万有理论”，就完全不可能斩钉截铁地断言现在正在膨胀的宇宙的终极未来。

由于前一种可能性大概需要无限长的时间来积累，而在我看来，后一种可能性几乎同样微乎其微，这意味着，我们宇宙的最终未来，以及时间本身，可能永远笼罩在迷雾之中。

第 2 章

空间

空间有终结吗?

存在最短的距离吗?

存在隐藏维度吗?

空间的几何结构是什么样的?

空间是基本的，还是演生的?

太空很宽广。实在太宽广了。你根本没法相信它广袤无垠、漫无边际、令人张口结舌地宽广到了什么程度。我是说，你或许觉着一路走到药房已经很远了，但对于太空而言也就是粒花生米而已。[①]

——道格拉斯·亚当斯

把三粒沙放进一座巨大的教堂，教堂里的沙子就比太空里的星星还要密集。

——詹姆斯·金斯（James Jeans）

你与空间建立联系的方式让它变得如同雕塑一般。

——伊莎贝尔·于佩尔

① 引自《银河系搭车客指南》，道格拉斯·亚当斯著，姚向辉译，上海译文出版社（2011）。——译者注

在我回答有关宇宙学的问题时，常常有人问我，宇宙是不是无限的，如果不是，那宇宙之外又是什么。这些问题问起来容易，回答起来却很难，并不是因为我们没有好的想法，而是因为如实以答需要更多篇幅的解释，不是寥寥数语就能概括的。那我们就开始吧。

第二个问题的答案至少比较容易概括，尽管可能更难描绘。如果宇宙是有限的，那“外部”这说法就没有实际意义了。想想最简单的有限宇宙，也就是一个球状对称的“封闭”宇宙——这是一种三维几何，而它对应的更低维的二维球面更容易描绘。

通常我们认为这样的球面将空间划分成两个区域，分别是球的内部和外部。但这只不过是因为我们将二维球面嵌入了一个更高维的空间中。如果我们把自己限制在二维上，那球面就是全部了。它没有边缘，没有内部，也不存在外部。如果你在球面上行走足够长的时间，你就会回到开始的地方。

就像气球一样，它可以变大，但表面并不会膨胀“进”任何地方。它只是在膨胀而已。如果你在表面上画上多个小圆点，随着表面增大，每个点都会远离其他点，没有点会靠近其他点。

如果我们的宇宙是封闭的，那它只是比这种球面高一维的版本。它是弯曲的，因为如果你选择三个互相垂直的轴，在一点处标记成x、y和z，然后沿着定义它们的直线向外延伸至任何方向，它们最终都会指向与之前不同的方向。这定义了三维空间中的曲率。这不是我们可以直观想象的东西。

同样，一个平直的宇宙并不是像煎饼那般平坦，而是定义了我们一般在思考空间时想象中的"可感知的"空间。在这个空间中，三个互相垂直的轴在任何地方都不断指向同一个方向。

空间几何如果是弯曲的，则还有一个选项。它可以有所谓的负曲率。在二维空间中，一个负曲面看起来就像一个马鞍，但它向着各个方向无限延伸。这种几何形状被称为开放空间。

通常情况下，封闭空间的大小是有限的，而平直空间和开放空间则是无限的。对于这些无限的空间，虽然人们不必担心"外面"可能是什么的概念问题，但无穷大的空间膨胀的概念确实相当考验想象力。

想象这不是个问题的最简单方法是局域思考，而不要全域思考。想象一个无穷大的平面空间，比如一张无穷大的橡胶床单。现在把它抻开。同样，如果在它上面点上小点，所有点都会远离附近的点。这张床单局部上会变得"更大"，但无穷大的伟大之处正是在于它是无穷大的，从全域上来说，这张床单依然是无穷大的。

如果这让你伤脑筋，也许这也是应该的，但这种困扰正是无穷大的固有属性，让人再次想起伍迪·艾伦关于永恒的名言。一个本就无穷大的宇宙不断膨胀，这是无穷系统另一个属性的例证，著名德国数学家大卫·希尔伯特在我们常提到的希尔伯特旅馆中最为清楚明白地揭示了这一概念。想象一家酒店有无限多间客房，我可以把它们标为1、2、3、4，等等。现在假设你想入住这家酒店，服务员告诉你，所有客房都满了。正当你准备离开时，他说："稍等！我可以给你找间房！"他只是把1号房的人安排到了2号房，2号房的人安排到了3号房，3号房的人安排到了4号房，依此类推。现在，从2号房到无穷大的所有房间都住满了人，但1号房现在空出来了，你可以入住了。

在20世纪的大部分时间里，当爱因斯坦提出了广义相对论后，宇宙学的一部分工作就是在尝试探索宇宙在最大尺度上的几何形状，也就是说，我们是生活在一个原则上无穷大的平面或开放宇宙中，还是生活在一个封闭宇宙中。在后一种情况下，空间是有限大的，你朝着任何方向看得够远，最终都会看到自己的"后脑勺"。

人们对发现宇宙的几何结构怀有强烈的兴趣，原因在于，对于一个由物质或辐射的能量控制引力动力学的宇宙而言，几何结构决定了它的命运。也就是说，宇宙的最终未来仅仅取决于宇宙是开放的、封闭的还是平直的，这就是为什么确定描述我们宇宙的几何模式成了宇宙学的圣杯。

这可能也是我作为一位基本粒子理论学家最初对宇宙学产生兴趣的原因。我想，假设暗物质是由一种新的基本粒子构成的，如果我能确定宇宙中存在多少暗物质，我可能就是第一个确定宇宙几何结构，也就是知道了我们的未来的人。

一段时间以来，宇宙学家认识到，要确定宇宙的几何结构，就绕不开对神秘的暗物质的本质的探索，暗物质在我们的星系和基本上所有观测到的星系的质量中占首要地位——关于这一点，我将在下一章中进行更多介绍。20 世纪 70 年代早期，对可观测物质（包括恒星、气体、尘埃等）的研究就已经发现，可观测物质最多只占让宇宙成为闭宇宙所需的物质总量的百分之几，这说明我们宇宙的几何结构应该是开放的。但这就引出了一个理论问题。

对于一个由物质或者辐射主导的宇宙来说，平直的宇宙，也就是介于开宇宙和闭宇宙之间的情况，代表了一个不稳定的宇宙状态。平直的宇宙当然可以实现，但只要宇宙并非完全平直——要么微开，要么微闭——它很快就会向着背离平直的方向演化。这就好比让一根铅笔笔尖朝下立着并保持平衡。这在理论上可以做到，但房间里最轻微的气流，或者地板上最轻微的震动，很快就会让笔倒下。

像我们的宇宙这样的宇宙有超过 100 亿年的历史，它如果不是完全平直的，就有足够的时间从平直的样子演变成非常不一样的结构。因此，即使密度只有平直宇宙所需密度的一小部分，现在看来也不太可能。换句话说，这需要相当精细的调节，在非常早的时期与完全平直的误差不到一涧[①]分之一。

一种更简单的可能性出现了，那就是，在任何可以想象的

---

① 即 10^{36}。——译者注

可测量精度水平上，如今的宇宙都是完全平直的。表面上看，这似乎是迈向宗教信仰的一步，但事实证明，到了20世纪80年代中期，已经被公认为最有可能描述早期宇宙动态变化的暴胀宇宙学提供了对平直宇宙的自然“预测”。类似于吹气球会让气球的二维表面在气球上任意一点上看起来都更平直，暴胀带来的指数级膨胀也让宇宙在越来越大的同时，看上去越来越平直。在时间的最初时刻，即使一段温和的暴胀期，也会让宇宙的密度与完全平直的宇宙的密度之间的差距小到还不到小数点后100位，甚至1 000位。暴胀的结果几乎肯定是一个基本平直的宇宙。

但有一个显而易见的问题。产生平直宇宙所需的剩下大约98%的物质藏在哪里了？

从观测银河系周围气体的旋转速率开始，到后来通过观测其他星系和星系团得以证实的是，星系内部和周围存在的质量至少是所有可观测物质所能解释的质量的5~10倍，这一发现为这个问题提供了直接的潜在解决方案。宇宙可能确实是平直的，而暗物质可以弥补观测到的常规物质丰度与产生平直宇宙所需的物质量之间的差额。

这是一幅美丽的图景，让包括我在内的许多物理学家开始猜想暗物质可能的性质，推测我们如何从第一性原理计算出宇宙中暗物质的量，如何直接或间接地探测它，并确定其构成。

但从1990年前后开始，另一个问题开始显现。对星系和星系团的引力动力学的仔细研究表明，将这些系统中占据主要成分的暗物质计算在内，也只能产生平直宇宙所需的总密度的大约

20%~30%。观测者再次得出结论，我们生活的宇宙或许是开放的，并不平直。

1995 年，在理论与观测之间显而易见的矛盾的推动下，迈克尔·特纳和我（以及其他不少独立研究的理论学家，包括宇宙学家吉姆·皮布尔斯）重新提出了我们早先提过的一种想法，即想要让宇宙学中现有的数据不矛盾，就只有援引阿尔伯特·爱因斯坦首先提出（但很快就被他抛弃）的一种被忽视已久的观点，那就是，宇宙中的主要能量可能存在于空的空间中——爱因斯坦将这种可能性描述为“宇宙学常数”。

这种异端想法实际上是不得已而为之，至少我在提出这种想法的时候，是假定了宇宙学中某些可观测数据一定有误，因为宇宙膨胀由空的空间的能量（现在被称为暗能量）主导的概念似乎极其牵强。但你瞧，1999 年，两组测量宇宙历史上的膨胀速率的观测者发现，令我们惊讶的是，宇宙膨胀实际上在加速——这种情况只有一种可能原因，那就是宇宙膨胀实际上是由真空能量驱动的，且这种能量值一定与宇宙学中其他数据不矛盾。

这项发现震惊了整个科学界，也让观测者获得了 2011 年的诺贝尔物理学奖。它同样颠覆了我们的看法，不仅是对宇宙未来的想象，还有对空间几何结构与未来之间关系的看法。

前文中我说，人们先前以为几何结构与宇宙命运之间是一一对应的。开放的宇宙将永远以有限的速率膨胀，封闭的宇宙会再次坍缩，完全平直的宇宙则膨胀得越来越慢，但永远不会停下来。

现在，突然之间，在空的空间中发现的能量改变了一切。无论宇宙的几何结构如何，只要它在刚开始受真空能量支配时在膨胀，它就会永远膨胀下去……除非真空能量以某种方式消失了。前面也强调过，因为真空能量可能是物理学中最大的已知的未知问题，只要它还是个谜，宇宙未来的膨胀历史也就是个谜。

因此，虽然理解空间的几何结构在实操上的重要性有所降低，但确定宇宙几何结构的内在重要性却丝毫没有减弱。最终，它会帮助我们解决宇宙中最基本的已知的未知之一：空间是有限的，还是无限的？

因为暴胀迅速将宇宙推向了如今看似平直的状态，也因为在超过大约1%的精度水平上，可观测宇宙与平直宇宙在测量上几乎无法区分，我们似乎有把握假设我们的宇宙是完全平直的。但如我之前所说，非常接近平直和完全平直大相径庭。事实上，两者之间差异是无穷大的。

忽略拓扑学的问题（我稍后会说到），完全平直的宇宙，比如一个开放的宇宙，在空间上是无限的。但以地球为例，一位观测者在美国堪萨斯州眺望地平线时，地球可能看起来是平的，同理，封闭的宇宙看起来可能也是平的，因为暴胀把它吹得大到了任何整体弯曲的迹象都被推到了宇宙视界之外的程度。而地球和封闭宇宙的空间延伸都是有限的。

不幸的是，和地球不一样，我们没法环游宇宙，也无法从外部观测宇宙。因此，存在超出我们视野范围的宇宙视界意味着，我们即使在局域测量出我们的可观测宇宙是平直的，也无法推断视界之外的空间几何也是平直的。暗能量的存在让情况变得更糟了。在这种情况下，由于加速膨胀，我们等待的时间越长，实际能观测到的空间就越少。前面已经说过，如果我们等的时间足够长——准确来讲是数万亿年——那么几乎所有遥远的星系都将消失“不见”，存在于视界之外。

但要记住，暴胀不是宇宙起源的理论，就像达尔文的自然选择理论也并非生命起源的理论一样。两者都描述了支配各自系统后续演化的现象，前者是空间，后者是生命。当我们超越暴胀理论去思考空间本身的起源时，我们就有充分的理由相信，囊括我们观测到的宇宙的空间最终一定是封闭的。

前面强调过，一旦我们考虑到引力理论从根本上来说是一个相对论量子理论的可能性，那么这个理论的变量，也就是空间和时间，就成了相对论量子力学的变量。相对论量子变量可以自发地被创造和毁灭。整个“虚”时空，就像我们自己的宇宙一样，可以自发地凭空出现。但正如我在《无中生有的宇宙》中详细描述的那样，只有总能量为零的虚时空，才有可能在消失之前存在超过一瞬间，就更不用说存在138亿年之久了。

在静态的平直空间中，能量是一个定义清晰的概念，我们通常将它视作日常生活中衡量事件的标准。但一旦空间曲率和宇宙视界开始发挥作用，能量的定义就必须修改，并且可能变得更为模糊。对于无限膨胀的平直宇宙或者开放宇宙的总能量，目前还没有一种明确而被普遍接受的理解。但对于封闭宇宙的总能量，我们已经有了清晰的理解：它一定是零。

背后的推理有些难以想象，但陈述起来相对简单，这是平直宇宙中总电荷必须为零的命题的延伸。在后一种情况下，一种更简单的图示论证足矣。自英国物理学家迈克尔·法拉第的研究之后，我们就可以把一个电荷想象成它在自身周围产生一个电场，用从电荷出发指向外面的无限延伸的径向线来表示。但如果宇宙是封闭的，空间的曲率会让所有这些场线在一个遥远的（对映）点再次交汇。这就对应一个相反符号的电荷。

考虑更低的维度，可能更容易直观想象出来发生了什么。在一个二维球面上，如果你画出从一点出发的射线，就像从北极放射出来的经线一样，这些射线会在南极再次汇合。而如果正电荷产生的电场线可以说成是指向外的，在一点上向内汇聚的电场线就在这一点上定义出了一个负电荷。因此，在这样一个表面上只有一个单独的正电荷就不自洽了。它实际上总伴随着你在另一个半球测量到的一个负电荷。这个道理同样适用于封闭的三维空间。

对能量而言，这种情况没那么容易描绘，但基本思想是一样的。能量是引力场的来源，我们可以认为，从一片区域演生出的能量通量定义了那一整片区域的引力场。在封闭的球形空间中，一个地方的一处能量源一定伴随着空间对面的一处能量汇。因此，闭合宇宙的总能量就像总电荷一样，必须是零。

鉴于这一事实，我们很容易假定，一个自发出现并存在了足够长的时间，让生命进化到了足以对其产生好奇的宇宙，最有可能是一个封闭的宇宙。想象一个有限的空间突然出现也比想象无限的空间突然出现更容易，但宇宙的动力学并不是由我们最容易想象什么决定的。

如果要就宇宙的终极几何结构和空间有限性的问题打赌，行家们可能会赌宇宙是有限的。但赛马结果和总统选举已经表明，行家也可能出错。不幸的是，由于观测结果可能永远无法帮我们测得略微封闭的宇宙和完全平直的宇宙之间的差异，除非最终发展出一个完备的宇宙起源理论，否则我们可能永远无法知晓答案。

在数学上，有一种方法可以让我们鱼和熊掌兼得。那就是，可以有一个完全平直的宇宙，但它的范围仍旧是有限的。我在前面用“拓扑学”这个词暗示了这一点。

我们拿出一张平整的纸，找出它的两条边，就可以让它变成一个圆柱体。找出另外两条边，就能把它粘成一个甜甜圈的形状。从几何的角度来看，它们看起来是平直的，因为直线还是直的，但和一张平整的纸显然不同的是，它们没有边，而且与没有边的平整的纸不一样的是，它们是有限的，而不是无限的。

理论上来讲，我们的三维空间可能包含“非平凡拓扑结构”，也就是说，从不同方向观察的遥远的点，实际上是同一个物理点，我们的宇宙虽然看上去是平直的，但空间范围有限。事实上，罗杰·彭罗斯和他的同事进行的一项数据分析提出了宇宙中存在非平凡拓扑结构的证据。但这项分析随后引发了争议，而且也没有令人信服的理论论据表明我们的宇宙具有这些特征。因此，在当前没有观测支持的情况下，这仍然是一种不大可靠的理论可能。但我们再打开宇宙的新窗口时，也可能大为震惊。

时空的终极总体结构的问题或许不如另一个更直接的问题紧要，那就是，在我们目前可见的宇宙之外究竟存在着什么。乍一看，这似乎也是一个不可能有答案的问题，因为我们无法直接探测到任何超出观测范围的东西。更何况，如果宇宙的膨胀因为暗能量而继续加速，那这片区域我们就永远无法企及了，它隐藏在我们的宇宙视界之外。

但令人惊讶的是，我们还是有希望间接了解我们视界之外的东西，至少如果暴胀是对早期宇宙演化的恰当描述的话，是有希望的。

在暴胀期间发生的空间的指数级的快速膨胀，基本上抹去了暴胀开始前的所有条件信息。但在暴胀期间发生的量子过程还是在今天的宇宙中留下了残余特征，其中之一便是最终形成了星系和恒星的、微小的密度非同质性的产生，这是暴胀理论的一项核心预测，该预测似乎与宇宙微波背景中微小的温度涨落的观测结果相当吻合，这些微小的涨落最终会通过辐射与物质的耦合演变成今天的星系。

但仅仅与观测结果一致还不能证明暴胀理论的正确性。早期宇宙中的其他过程也可能产生类似的密度涨落谱。然而，还有一项似乎更独特的决定性证据可以证明暴胀发生过。暴胀期间物质和辐射的量子涨落产生了刚才提到的残余的密度涨落。但是引力中的量子涨落呢？

暴胀的一项特征是，在暴胀期间所有场的量子涨落，在暴胀之后都会留下一种残余的经典信号。对于物质和辐射而言，这种经典信号体现在了宇宙微波背景辐射（CMBR）中测得的密度和温度涨落中。对引力场来说，量子涨落则变成了时空中的经典涨落，我们今天将它作为引力波的残余背景来测量。

在开始介绍引力波之前，我想先说一下CMBR。我已经多次提到了背景辐射，但还没有好好解释它。我也没有介绍它的重要性：它限制了我们在宇宙中能看得多远，从而限制了我们能回溯到多遥远的过去。

现在大家应该都很清楚，我们在宇宙中看得越远，就是在回溯越久的时间，因为光到达我们这里需要有限的时间。我们用哈勃空间望远镜所能看到的最远的星系带我们回溯了接近从大爆炸到现在的时间 90% 多的旅程，回到了宇宙历史大约 5 亿到 10 亿年的时候，而我们将用新的詹姆斯 · 韦布空间望远镜看到更远的过去。

但我们没法无止境地望向过去，因为当宇宙大约只有 30 万年历史时，其温度大概有 3 000 度，当时主要由氢原子构成的普通物质会被电离。那时，每当一个质子俘获一个电子，形成中性氢原子，与物质的高能碰撞或者吸收辐射就又会将电子击出。因此，在此之前，现在由中性原子组成的物质主要是由质子、电子和中子组成的。但电离的物质对辐射不透明，因为光无法直接从质子和电子等带电粒子组成的致密气体中逃逸。

光无法在空间中自由传播，而是被散射了，或者用量子场论的语言来讲，它不断被吸收并重发射，因此在气体中无规行走。顺便说一句，这也是为什么太阳核心的核反应释放的能量需要近百万年才能以我们看得见的光的形式到达表面。光子在穿过太阳内部的过程中发生散射，被吸收，并被原子重发射，表现出一种无规行走的状态。（我在遇到支持年轻地球论的神创论者时，就喜欢拿出这一事实。如果核反应仅仅为太阳供能了 6 000 年，太阳就不会像现在这样发光了。）

无论如何，一旦温度降低，质子就捕获了电子，形成电中性的原子，此前与之处于热平衡的辐射就可以在宇宙中畅通无阻地自由传播了。这就是我们在地球上和太空中的辐射探测器测得的CMBR。这种辐射最后一次与物质的相互作用是在 138 亿年前，这就是为什么它提供了一种如此重要的探测早期宇宙的手段。

它还带来了一堵视觉上的墙。我们向外望去，可以看到来自遥远星系、类星体和宇宙中其他随着结构增长而形成的物体的光。但如果我们试图观测更遥远的宇宙，想要利用光或者射电波等电磁辐射探测早于大爆炸后约 38 万年的时期，我们就无法穿越这所谓的“最后的散射面”，从而看到宇宙更早时期的景象了。

虽然我们无法直接观测到时间上早于这个表面发出的辐射，但我们可以寄希望于通过观测最后的散射面来收集有关这段时期的信息，我们如今探测周围的CMBR就是在做这件事。CMBR弥漫在整个空间中，无论你身处何方，只要你在探测，探测到的光子都来自生成光子的那个遥远的空间球面。从这个意义上来讲，最后的散射面取决于观测者。如果地球位于银河系的另一端，我们探测到的某种CMBR信号将来自另一个不同的表面。细节看起来或许不同，但统计特征都是一样的。我们可以尝试从CMBR信号的这些特征中寻找更早期的物理过程的可观测残余。

现在让我们回到来自暴胀的引力波信号。引力波是时空结构中真的与时间有关的振荡。激光干涉引力波天文台（LIGO）在2015年9月14日发现了来自黑洞碰撞的引力波，这是物理学界一项里程碑式的成就，LIGO的开发者被授予2017年诺贝尔物理学奖，可谓实至名归。

由于引力是最弱的自然力，只有引力场中巨大的动荡才能在地球上的探测器里产生非常微弱的信号。为了探测两个大质量黑洞（每个黑洞的质量都超过太阳质量的20倍）的失控碰撞，LIGO探测器必须在碰撞产生的引力波掠过探测器时，在一两秒的时间里探测到一束激光与4千米外的反射镜之间的长度变化，这种变化量还不到单个质子大小的千分之一。作为一位理论物理学家，我可以坦率地说，我原本以为在20世纪90年代和21世纪初开发这样一台探测器简直是痴人说梦。尽管我了解并钦佩设计和建造这台探测器的物理学家的实验和理论能力，也参观了许多实验室，那些地方有数百位兢兢业业的物理学家在为了让这一发现成为现实而努力，我依旧那么认为。2016年年初听到的探测成功的小道消息证明我错了，但我从来没有因为被“打脸”而那么高兴过。

虽然在暴胀过程中，时空的快速膨胀会产生所有频率的引力波，包括LIGO设计针对的频率，但暴胀信号的幅度还不到任何现有的或者目前获得资助的人造探测器能探测的最微弱信号的百万分之一。不过，宇宙已经为我们提供了一种对超长波长的引力波更敏感的探测器。前面说过，对CMBR的测量已经颠覆了宇宙学，将它从一门艺术变成了一门高精度的实证科学。特别是，CMBR的统计特征可以揭示出宇宙早期历史的大量信息。CMBR是一份不断带来惊喜的礼物。

举个例子，1996年，美国天体物理学家马克·卡米翁科夫斯基（Marc Kamionkowski）和他的合作者证明，对CMBR的偏振进行严谨的统计分析，可以为任何引力波的原初背景提供一种独特的探测手段。

你或许戴过偏光镜片的太阳镜。光是振荡的电场和磁场组成的电磁波。如果振荡光波中的电场都在一个方向上振荡，这种光就被描述为线偏振光。偏光太阳镜的工作原理是，从水和其他表面反射的光通常就是线偏振光，设计出能阻挡这种光的太阳镜，就能减少这些反射带来的眩光。

微波虽然不可见，但它同样是电磁波，也可以带有偏振。CMBR辐射带有许多随机偏振，它在到达我们的接收器的途中，从银河系的尘埃中散射时，还会带上额外的偏振。但卡米翁科夫斯基和他的合作者证明，在CMBR产生时存在的长波长的原初引力波会在这种辐射中留下螺旋状的蛇形的偏振痕迹。通过仔细测量天空中许多点的CMBR偏振，并对这些数据进行详尽的统计分析，就能分辨出这种痕迹。

问题是，这种信号非常微弱。测量到的CMBR的温度涨落还不到万分之一，而能够可靠达到这一精度的微波技术已经是最前沿的了。由于引力太微弱了，而来自暴胀的引力波诱发的偏振信号的强度充其量也只有它的百分之一。尽管如此，无畏的实验者还是在地球和太空的各个偏远位置建起了探测器。

下面这个例子可以让你感受一下这类探测面临的挑战有多大。在南极进行的一项名为BICEP（宇宙泛星系偏振背景成像）的实验的团队举办了一场新闻发布会，发布了一篇论文，宣布他们发现了CMBR中与暴胀预测的信号极为相似的偏振信号，这在整个物理学界掀起了轩然大波。除此之外，信号的水平也与暴胀模型预期的最大信号一致。发表这篇论文的《物理评论快报》的期刊编辑请我写了一篇解释性文章一同发表，介绍这一结果的意义，如果这个结果是正确的，它的确意义重大。

但不久之后，这项备受瞩目的结果被证明与CMBR光子与银河系中的偏振尘埃粒子发生散射而产生的偏振噪声一致。如果不是因为最先进的天基CMBR探测器——普朗克探测器——刚刚测量了与BICEP探测器探测方向对应的银河系区域内的尘埃因素，我们还意识不到这个错误。

因此，虽然不可能说观测到的信号都不是暴胀造成的，但也无法确认某个部分就是暴胀造成的。就像卡尔·萨根喜欢说的，非凡的主张需要非凡的证据。

自从BICEP“乌龙”以来，其他研究团队以及BICEP团队已经开发出了灵敏度为BICEP 5倍高以上的更精良的偏振探测器。他们利用普朗克的数据，已经能在天空中选出尘埃影响更小的方向，但目前尚未探测到明确的信号。

虽然这对希望借助这一发现通往斯德哥尔摩[1]的暴胀理论学家来说是个坏消息，但这并不意味着暴胀没有发生。BICEP声称探测到的信号字面上指可能预期的暴胀的最大信号，而大多数模型预测的信号还要小得多，甚至以现有探测器的灵敏度还达不到。因此，未来几年中我们依旧可能有所发现。

我一直在详细讲述从暴胀中发现引力波的可能性，因为它对解开多元宇宙的形而上学的谜题具有潜在意义。正面的发现结果可以提供确凿无疑的证据，证明暴胀曾经发生过。此外，通过测量任何这类信号的详细光谱特征，我们可以根据经验确定哪种类型的暴胀模型可能产生这类信号。如果能以此限制可行的模型，我们就可以自问这些暴胀模型会不会带来多元宇宙的存在。

用这种方式，即使我们无法直接探测到在可观测宇宙之外是否还存在其他与我们宇宙没有因果关系的空间，我们仍然可以找到它们存在的极有力的间接证据，将形而上学变成物理学。

只有间接证据作为一种接受新现实的方式确实不太令人满意，但它在科学中有着悠久的优良传统。想想原子就知道了。

1905年，阿尔伯特·爱因斯坦在短短几个月内发表了4篇具有里程碑意义的论文，在其中一篇中，他根据对浸没在液体中的粒子的随机运动（所谓的布朗运动）的观察，计算出液体是由

① 评定诺贝尔奖的诺贝尔委员会所在地。——译者注

单个的原子粒子组成的，他可以估计出这些粒子的大小。原子理论奠定了化学的基础，但是原子的存在直到1905年才被人们完全接受。几年之内，已经没有人怀疑它们的存在了。1909年一项对爱因斯坦预言的实验验证后来还获得了诺贝尔物理学奖。但在40多年间，人们都没有办法直接看见原子，直到精密的电子显微镜的发展才改变了这一切。但从爱因斯坦开始，接着是欧内斯特·卢瑟福探测原子的物理组成的散射实验，之后是X射线晶体学让晶体中的原子散射X射线，大量间接证据确凿地证明了原子的存在。

观测原初引力波背景带来的CMBR偏振可能无法提供达到原子物理实验的精度水平的间接证据，但这仍然是重要的一步，它能带来一个令人信服的案例，说明我们的宇宙并非独一无二，多元宇宙的确存在。

顺带一提，对来自暴胀的引力波的观测还能提供另外一些惊人的实验数据，解决一个目前已知的未知问题，我将在下一章讨论这个问题。广义相对论描述的经典引力与量子力学相悖。一些物理学家仍然在思考，引力是否可以用量子力学的方式来描述，还是说量子力学本身会在微观尺度上崩溃，而在微观尺度上量子引力效应则将变得非常重要。

几年前，我和同事弗兰克·维尔切克证明了在非常一般的条件下，观测到来自暴胀的引力波明确需要用量子理论来描述引力。不幸的是，如我所说，用实验寻找这些引力波相当困难，而这种实验难度又因为下面这个事实变得难上加难，那就是，很有可能，暴胀发生的能量尺度实在太小，以至于我们永远也观测不到残余的引力波背景。多元宇宙的存在，以及将引力表述为一种量子理论的最终证据，可能既取决于科学发展，也离不开运气。在此之前，我们必须把这两个概念看作能激发探索的可能性，而非经验上得以验证的现实。

然而，即使是多元宇宙存在这么一个可能性就为想象力提供了惊人的素材，因为它甚至改变了物理学非常基本的规则。我之所以会成为一名物理学家，是因为我想知道为什么宇宙是这个样子的，换句话说，我想知道是什么基本原理决定了自然的行为方式。但如果存在多元宇宙，可能就不存在这样的基本原理了。我们宇宙的许多基本特征也许都是偶然。在多元宇宙中，每个宇宙的物理定律可能截然不同，而我们之所以能够测量这些定律，是因为我们的宇宙恰好能够形成星系、行星和生命。这种观点通常被称为人择原理，虽然我的同事理查德·道金斯认为它具有某种准达尔文主义的美感，但这似乎很倒胃口。但是，自然并不是为了取悦我们而存在的，所以我们喜欢也好，不喜欢也罢，它都有可能是真的。

一种更有趣的可能性是，如果存在多元宇宙，如果暴胀是永恒的，那终将产生无穷多个宇宙。我已经强调过了，“无穷”与“非常大”可谓天差地别。如果在无限长的时间内形成了无穷多个宇宙，那么根据概率法则，就不可避免地会出现其他和我们的宇宙一样的宇宙，在这些宇宙中，会形成与地球一样的星球，生命也会进化出来，我们现在所见的一切都会存在一模一样的副本，也许带有一些例外。例如，在那个宇宙中，你的副本现在可能正在写这本书，而我的副本有朝一日或许在读这本书。

但还会出现一些更富戏剧性的选项。对于产生了类地行星的宇宙来说，可能会有无穷多种变化，而对没有制造出类地行星的宇宙而言，变化甚至只多不少。对于制造出了类地行星的宇宙来说，可能存在着与地球历史完全不同的类地世界，可能有与地球历史除了一个细节之外其余完全相同的世界，还可能有与地球历史一模一样的世界。所有可能存在的可能性都存在。这也许是科幻小说的素材，但对物理学家来说，试图想象出如何定量预测一组我们还不知属性、不知概率的宇宙，往好了说足以让我们头疼，往坏了说，就会让我们在物理文献中偶尔发表一些仅包含形而上学的推测的论文。

另一方面，令人颇感欣慰的是，即使某些宇宙正处于演化的终章，恒星逐渐消亡，任何残余的生命形式慢慢消逝，也还是有其他宇宙层出不穷，生生不息。在永恒暴胀的多元宇宙中，希望是永存的。

从这个意义上来讲，我认为在暴胀空间永远膨胀的背景中，嵌入一个由成核的宇宙组成的多元宇宙的可能性，类似于霍伊尔稳恒态宇宙的一种现代可行版本。前面说过，在大爆炸的证据广泛出现并且被广为接受之后，这个模型便走向了末路。在霍伊尔的模型中，空间在膨胀，但新物质也在不断产生，宇宙的密度因此始终保持恒定。而在永恒暴胀中，在远大于任何一个因果连贯的宇宙的元尺度上，多元宇宙随着时间的推移看起来是一成不变的。新的宇宙不断产生，在这些宇宙之外，空间在各处呈指数级膨胀，永不停止。

德语中有一句名言常被认为是歌德说的，但实际上显然出自席勒，它可以大致译为“最难看清的就是你眼前的东西”。基础物理学的最新研究结果表明，这无论是在字面上还是引申意义上可能都是对的。事实上，或许在你的鼻尖旁就存在一个全新的宇宙，但它可能永远无法被探测到。

这再次让人想起《狮子、女巫和魔衣橱》中著名的魔衣橱，我在说到黑洞时提过它，进入魔衣橱就进入了一个全新的世界。我在我的书《隐于镜中》（*Hiding in the Mirror*）中用这个比喻来探讨长期以来人们对一种可能性的关注，那就是，在我们宇宙的三个空间维度之外，还可能存在额外的隐藏了的空间维度。

物理学并没有让人们真正理解如何回答这个问题——毕竟，人们可以提出的关于宇宙的最基本问题之一便是“为什么我们居住的空间是三维的？”。一种可能的答案是，它也许不是三维的！这个答案乍一看似乎很荒谬。我们可以在空间中移动来探索空间，但我还没有见过任何一个（理智的）人找到超越上/下、前/后和左/右的移动方式。

尽管如此，几个世纪以来，艺术家、哲学家以及最终的科学家，他们都对世界拥有超过三个维度的可能性着了迷。思考额外维度的物理学动机，始于一位数学家和一位物理学家各自基于电磁学和引力在形式上的相似性而产生的思考。

爱因斯坦将引力描述为一种与时空曲率有关的力，颠覆了物理学。而他的广义相对论是关于时空的几何结构的理论，所以，引力与自然中其他已知的力有着本质区别。但在地球上，引力的形式与电磁力几乎完全一样。比如，两种力都和距离的平方成反比。一种力的强度与电荷成正比，而另一种力的强度与质量成正比。

事实上，我们可以把麦克斯韦的电磁学理论放在一个看起来很像广义相对论的简化版的框架中。电磁场可以像引力场那样表现出曲率，只不过，电磁场的曲率不在现实空间中，而是在某个内部数学“空间”中。事实证明，电磁学的这种表述方式在物理学中相当有用，也非常重要，但就我们在这里的目的而言，我们可以仅仅将它视作一种数学技巧。

在广义相对论发展之后，波兰数学家西奥多·卡鲁扎（Theodor Kaluza）和瑞典物理学家亚伯拉罕·克莱因（Abraham Klein）开始思考，这种数学技巧有没有可能具有更深层次的意义。他们推断，如果存在一个不可见的额外空间维度，也许电磁学就和这个额外维度的曲率有关，而引力则反映已知的四维空间和时间的曲率。结果表明，数学计算非常完美，除了一件事。不幸的是，以这种方式统一引力和电磁力，会带来一种额外的力，但这种力并没有被观测到，这就是为什么每个人都耳闻爱因斯坦的大名，但很多人却对卡鲁扎和克莱因一无所知。

在提出他们的理论时，作为数学家的卡鲁扎从未担心过物理学家克莱因需要解决的显而易见的问题。如果存在第 5 个额外维度，为什么我们看不到它呢？克莱因的回答很巧妙：如果这个额外维度卷曲成一个微小的圈，它非常非常小，那么我们在地球上进行的任何实验都无法窥探到这个非常小的圈的内部。

物理学家常用一种简单的比喻来描述这个问题。想象一根喝汽水的吸管，沿着吸管的长度就是我们观察到的空间，而绕吸管圆周的长度就是额外维度。如果绕着吸管的周长越来越小，最终吸管在我们看来就只剩一条线，这个额外维度也就看不见了。

如果不是60年后弦论的发展，这幅可爱的图景可能早已被历史尘封。物理学家努力发展量子引力理论，也就是可以将广义相对论与量子力学统一起来的理论。这些物理学家发现，如果一种理论中基本的时空对象不是空间和时间中的点，而是类似弦的对象，那么这种理论就可以转化为一种量子理论，而广义相对论的方程就会作为这种量子理论的经典极限而自然出现了。

这是一项了不起的理论发现，但也并非没有问题。这种理论确实让广义相对论得以无矛盾地量子化，但前提是，时空不是四维的，而是26维的。

这一点很难接受，至少对许多物理学家来说如此。但这种理论的数学之美让一大批天赋异禀的理论学家继续钻研，而他们发现，如果将自然中存在的其他力，还有伴随它们的基本粒子纳入其中，就有可能将维度的数量从26降低到10或11。

得出这一切的过程细节很复杂，但幸好这与我们的讨论无关。我曾在《隐于镜中》这本书里讨论过这些问题，有兴趣的读者可以参阅。但重要的是克莱因关心的那个问题：如果自然中的确存在其他维度，它们藏在哪里了？

物理学家多年后提出的答案正是克莱因原先想到的那个。这些额外维度可以卷曲成一个非常小的 6 维或 7 维的小球，这样它们就能一直隐形了。这个球的直径差不多是广义相对论中量子效应变得重要的尺度，大约 10^{-33} 厘米，也就是说比一个氢原子核的直径还要小 21 个数量级！

不用说，任何现有的，甚至拟议的实验都无法在这么小的尺度上直接探测新的物理现象，包括可能的新维度的存在——这比目前能量最大的粒子加速器、瑞士日内瓦的大型强子对撞机能探测到的尺度小了大约 15 个数量级。

正因如此——还有一个事实是，弦论的数学变得太复杂了，以至于该理论真正的本质（如果有的话）仍然迷雾重重——弦论虽然依旧是数学物理学中一个极具魅力的研究领域，但它是否与现实世界有任何关系，还是个悬而未决的问题。

存在着一种 6 维或 7 维的小球，连接着我们四维世界中的每一个点，包括就在你眼前的鼻尖，这种可能性好像要么很浪漫，要么很蠢，就看你的想法了。这些额外维度就算存在，在我们的经验世界中也依然不会起什么作用，它们的存在似乎只是为了让数学计算说得通。除此之外，我们也无法解释为什么这些额外维度会紧缩成小球，而我们的维度却可能无穷大。（理查德·费曼曾严词批评弦论，说它什么也解释不了，只是在找借口。）而且这些额外维度太小了，根本没法探索或访问，外星人也没法在拜访我们的途中穿越它们。这一点儿也不好玩。

不过，这个故事确实变得更有趣了一些。

1998 年，两组不同的研究团队都产生了一个绝妙的想法。如果像电磁力这样的力无法渗透到超出我们熟悉且喜爱的 4 个维度的额外维度中，但引力却可以呢？这有助于解释为什么我们看不见这些额外维度，也可以解释引力长期以来一直困扰理论学家的一种神秘特征：为什么引力比其他自然力弱得多？

在我们的三维空间中，引力和电磁力一样和距离的平方成反比。但如果存在更多维度，引力就会和距离的更高次幂成反比。比如说，如果额外维度的直径不是 10^{-33} 厘米，而是 10^{-18} 厘米，那么在达到额外维度大小的 15 个数量级上，与引力成反比的距离的次幂会比电磁力对应的次幂更高，因为电磁力在我们的假设中是无法渗透进额外维度的。在更大的尺度上，引力会开始与距离的平方成反比，因为额外维度中已经没有多余的空间可以渗入了。这意味着，如果我们测量大于 10^{-18} 厘米的尺度的现象，也就是我们用粒子加速器和其他实验室实验所做的事情，引力表现得就和电磁力一样，但看起来比实际上弱得多，因为在更小的尺度上，引力与距离的更高次幂成反比，这种幂比电磁力的要大得多。

这种想法有可能解释为什么在我们可测量的尺度上，引力与自然中的其他力相比显得如此微弱。这种想法还带来了另一项有趣的预测：如果额外维度大到 10^{-18} 厘米，就有可能用如今世界上最强大的粒子加速器来探测它们。

这是个聪明的想法，但说到这里必须得记住，在这种想法的背景下，绝对无法解释为什么额外维度应该这么大（或者这么小，取决于你的观点）。尽管如此，只要理论学家做出了能在加速器上得到验证的预测，加速器科学家就一定会抓住机会排除这种可能性。他们也这么做了。

但理论学家非常狡猾。在这个最初想法之后，我曾经的研究生拉曼·桑德拉姆（Raman Sundrum）和他的合作者丽莎·兰道尔（Lisa Randall），还有另外独立研究的萨瓦斯·迪莫普洛斯（Savas Dimopoulos）及同事都提出，只要引力在额外维度中表现得相当奇特，并且只要引力是唯一可以渗入额外维度的力，额外维度的尺寸实际上可以是无穷大。

我把话说在前面：无论以前还是现在，我都觉得这种想法的细节很令人生厌，我敢打赌它的内容与现实风马牛不相及。但抛开我的怀疑，它确实开启了一种浪漫的可能性，那就是，在我们的眼皮底下可能就有一个通向巨大的额外维度的入口，它大到不仅可以容纳纳尼亚，还能包含许多具有奇异物理学现象的全新宇宙，也许还有我们永远联系不到的星系和文明。这绝无可能，但依旧令我惊讶的是，这也不是不可能。

也许弦论中诞生的最不寻常的想法是，空间维度的概念本身可能就是不合时宜的。这种想法来自已发展完善的全息术。在全息术中，完整的三维图像被记录在二维的底片上。透过这些底片，你可以看到一个场景，和普通的照片不同的是，动动你的头，就可以看到最前面的物体后方的东西出现。

1997年，普林斯顿大学一位年轻的研究生胡安·马尔达塞纳（Juan Maldacena）提出了一个大胆的猜想：$N-1$维中类似夸克（构成质子和中子的粒子）之间强相互作用理论的物理学，与N维中引力和一种特定类型的弯曲空间的物理学完全相同。这个被称作AdS/CFT对偶的猜想如果是对的，那就意味着，由一种非常特殊的相互作用主导的世界的所有物理学规律，都与另一种非常特殊但不太一样的相互作用所主导的具有不同维数的世界的物理学规律是相同的。

这一猜想将不同维数的所谓共形场论（也就是CFT，弦论离不开的理论）与反德西特空间（AdS，也是弦论中出现的一种重要的空间类型）联系在了一起，也被称为全息原理。它由荷兰物理学家杰拉德·特霍夫特在最初想法的基础上完善，后来由美国物理学家伦纳德·萨斯坎德加以推广。

回忆一下与黑洞蒸发有关的信息丢失悖论。引力告诉我们，任何掉进黑洞事件视界内的东西，都会落入一个永远与黑洞外部空间隔绝的空间。因此，有关什么东西掉入黑洞的信息就永远消失了。史蒂芬·霍金通过思考黑洞事件视界附近的量子过程发现，黑洞实际上应该以量子力学的方式把能量转变成热量辐射掉，发出的辐射越多，黑洞就越热，辐射就会越发导致黑洞质量减小。黑洞发出的辐射完全是热辐射，应该不携带任何掉进黑洞里的信息。最终，黑洞应该完全辐射殆尽，不留下一丝存在的痕迹，也不会留下任何最初落入黑洞的物质的踪影。但是量子力学认为，这些信息不会丢失。一种解释是，所有关于落入黑洞的东西的信息都以某种方式存储在事件视界表面存在的量子关联中，它们可能转移到黑洞发出的辐射（被称为霍金辐射）中。因此，表面就像一张全息图一样，存储了它所包围的体积的所有信息。

虽然这种想法依旧很有趣，但它在量子引力理论中的基础还不够牢固，物理学界无法把它作为信息丢失悖论的最终解释。毋庸置疑，马尔达塞纳的猜想确实涉及一种潜在的完整量子引力理论（尽管维数与我们的经验不同），它将作为空间边界的表面与它们围住的空间联系了起来，非常容易让人产生联想。

无论AdS/CFT猜想是否真的与我们时空的本质有关，它作为一种工具，在物理学中都极其有用，因为它让我们能将一些强相互作用理论与纯引力理论联系起来，强相互作用理论本身过于复杂，难以进行可行的计算，而纯引力理论的计算则容易得多。

除了这么多技术问题之外，这里还有一个更深层次的问题。如果一个$N-1$维的表面能编码与它所包围的N维世界相关的所有信息，那么维度还有意义吗？在这种情况下，实际的世界到底是N维的，还是$N-1$维的？

当然，我们不知道。但对一些人来说，一种诱人的可能性仍然存在：我们称之为宇宙的四维世界，实际上是一张全息图。

存不存在一种最小距离？当我们缩小到最小距离的尺度上时，在正常尺度上看起来是连续的空间实际上是颗粒状的吗？又或者，空间其实是一种演生现象，在我们试图探索更小的距离尺度时，它是作为某种潜在的更奇异之物的有效近似而产生的？

这些问题是理解量子引力理论的核心。因为我们没有一种公认的量子引力理论，所以所有这些问题的回答都是不知道，并且我们知道我们不知道。

然而，在当前理论的背景下，也有一些具体的提议，我会在这里讨论其中的一些想法。

弦论之所以会成为一种成功的潜在量子引力理论，不仅是因为广义相对论自然地嵌入了这种理论之中，还因为弦论中有且只有一个基本参数，原则上，其他所有物理量都可以由这个参数推导而来。这就是所谓的弦张力，它在某种意义上决定了弦论中基本对象（也就是弦）的能量特性。我已经说过，在弦论的原始形式中，构成物理竞技场的基本对象不是空间或时间中的点，而是横扫时空世界线的弦一样的激发。（事实上，随着理论的发展，基本对象最终可能不是弦，而是被称为膜的东西，它有点儿像薄膜，但可能是更高维度的类似的东西。）

无论如何，这种理论固有的概念是，在弦的激发变得重要的尺度上，仅仅用空间和时间点来描述宇宙就没有用了。而更重要的是弦论的一种数学性质，也就是对偶性。对偶性基本上表明，当一个人试图在比弦更小的尺度上用数学描述宇宙的动力学时，这种描述在数学上就等同于在比弦更大的尺度上研究物理学。实际上这暗示着，弦的尺度是有意义的最小物理尺度，思考更小尺度上可能的激发的动力学已经毫无意义。

弦的尺度取决于弦张力，它通常被定为广义相对论中无法忽视量子效应的尺度。这个尺度也叫普朗克尺度，前面介绍过，它大约是 10^{-33} 厘米。从这个意义上说，弦论表明，我们通常理解的空间只能在更大的尺度上被描述。

粗略来讲，确定了宇宙的最小距离尺度，是弦论解决了量子引力问题的原因之一。在广义相对论中，量子效应在越来越小的尺度上变得越来越大。如果外推到零距离，这些影响就达到无穷大了。但如果不存在零距离，也就不存在无穷大。

我认为弦论是量子引力理论的最好选择，但这并不意味着我认为它很可能是正确的理论。在这个问题上我还是有点儿不可知论的态度。只能说弦论是数学最自然的延伸，它让我们得以成功地描述自然中其他所有已知的力。

无论如何，还有其他的想法也在传播。另一种将引力量子化的竞争观点是圈量子引力。在我看来，这种理论的动机没有那么充分，但它仍然有忠实的追随者，多年来他们一直在努力获得有趣的新结果。

顾名思义，圈量子引力的基本对象是时空的圈。这些圈还是在普朗克尺度上交织在一起，形成一个圈的网，从中演生出时空。同样，在这个理论中，讨论小于普朗克尺度的空间距离毫无意义，因为在更小的尺度上，空间本身已经没有定义了。

这种圈构成的网让人想起了著名理论物理学家约翰·惠勒（他是最早让“黑洞”一词进入大众视野的人）提出的一种更早的想法，惠勒认为，由于量子效应，最小尺度的空间应该被想象成一种泡沫状的结构，他称之为时空泡沫。

还有其他一些（在我看来）更不完善的构想，它们的确认为，空间在最小尺度上是一种离散结构，空间以离散结构演生出来，就像晶格一样，这些结构随着尺度扩大变得不可见了，所以空间看上去是连续的，就像金刚石——虽然它在最小的尺度上是由碳原子的晶格构成的，但看起来也是连为一体的。可以留意到的是，在少于几个碳原子的尺度上，“金刚石”的概念就没那么明确了。

最近提出的一种想法大概是我之前提到的罗杰·彭罗斯的共形循环宇宙学，它在物理学界之外引起了关注。彭罗斯的想法在物理学界内部并没有引起多大反响，但它很像我相信我们很多人（包括一些科幻作家）都产生过的一种想法，它也在电影《黑衣人》中得到了最有趣的体现。在这部电影中，拥有无数文明的整个星系就像一颗弹珠内的小物体一样，存在于一个更大尺度上的世界里。

彭罗斯认为，在我们宇宙演化的后期，在恒星和星系等物质大多消失在黑洞中之后，宇宙将变得让长度本身失去意义。对于生活在被广阔的空间分隔的恒星和星系中早已死去的观测者而言，后来的宇宙中的长度会比最小尺度短得多，这种最小尺度是目前已知的物理定律不再适用的极限，被称为普朗克长度。简而言之，一个新宇宙的诞生可能来自旧宇宙的消亡，旧宇宙中垂死黑洞之间的广阔空间太小了，以至于新宇宙中演化出来的观测者甚至无法测量这种长度。这样一来，彭罗斯认为，通过引入一些非同寻常的新物理理论，新宇宙可以不再需要大爆炸令人生厌的奇点，并且自然而然地具有我们当前宇宙似乎具有的某些特征。听起来有点儿疯狂？我觉得多半如此。但有时候，疯狂的想法也是对的。只是不经常而已……

第 3 章

物质

世界是由什么构成的？

有多少种力？

有什么是基本的吗？

量子力学正确吗？

物理学有终点吗？

物质会终结吗？

你可能不觉得自己有多强壮，但如果你是一个中等身材的成年人，在你中等的身躯中蕴藏的能量不会少于 7×10^{18} 焦耳。假设你知道如何释放这些能量，并且真的想做点儿什么，这些能量足以产生 30 颗超大型氢弹爆炸那么大的威力。

——比尔 · 布莱森

污垢并非污垢，只不过是放错地方的物质。

——亨利 · 约翰 · 坦普尔

在精神面前，物质是可塑的。

——菲利浦 · K. 迪克

最重要的东西不是东西。

——包可华（Art Buchwald）

1936年，实验学家在宇宙射线雨中发现μ子（电子的一种更重的近亲粒子）后，诺贝尔物理学奖得主、实验物理学家I. I.拉比（I. I. Rabi）有句名言："谁点的？"直到如今，我们仍然在追寻同样的问题。

我在前面介绍过，尽管原子无法被直接看到，但到了1905年前后，人们已经接受了物质的原子图景。与此同时，考虑到我们现在的生活几乎完全是由原子尺度的物理学所支配的，而就在一个多世纪前，原子还常常只被看作一种假想的构造，以对材料及其化学相互作用进行简单分类，这相当惊人。

几乎同时，在相对论、原子和量子力学被发现之前，苏格兰著名物理学家开尔文勋爵曾说，物理学已经没有新东西可发现了，剩下的就是越来越精确的测量。1894年，伟大的美国实验物理学家阿尔伯特·迈克耳孙（一个世纪后，我有幸被任命为他所在的同一所大学的物理系主任[①]）说得更明确：

> ……大多数重要的基本原则似乎已被牢固建立起来了，

① 作者曾在凯斯西储大学任教并担任物理系主任。——译者注

> 进一步的进展主要是将这些原则严格地应用于我们注意到的所有现象中。一位著名物理学家曾说过，物理科学未来的真理将在小数点后第6位中找寻。

这种狂妄不难理解。200年前，牛顿提出了一种引力理论，解释了从炮弹到围绕太阳公转的行星的运动。在迈克耳孙提出此断言的一代人之前，苏格兰物理学家詹姆斯·克拉克·麦克斯韦提出了一套完整而简洁的电磁理论，其描述的电磁力是当时已知的自然中唯一一种不同的力，似乎也是支配着地球上物质特性的一种力。人们看似已经理解了一切可见事物的动力学。

当然，问题在于，宇宙中有很多东西是肉眼甚至显微镜也无法轻易看见的。在迈克耳孙做出断言后的大约100年里，我们确实在比原子还小的尺度上发现了一个全新的宇宙，还发现了两种新的力和许许多多新的基本粒子。

我们现在有了一种理论，也就是所谓的粒子物理学标准模型，它似乎正确预测了我们在亚原子尺度上进行的每一次实验的结果。但有趣的是，今天我们并没有看到有哪一批杰出的物理学家说，小数点后6位之前的一切都被理解了。

原因有三。我会先概述它们，并在这一章的其余部分着重介绍细节。

首先，标准模型虽然惊人，但也是出了名地不完备。它至少有18个（具体有多少个取决于怎么数）自由参数，这些参数背后都没有什么解释，只是为了拟合数据。值得强调的是，其中一个参数可能是整个理论中最重要的，那就是理论描述的三种力中的两种统一成一个理论的基本能量尺度。此外，这个尺度不仅在本质上是人为设定的，而且我们关于量子物理学的基本思想也告诉我们，它的值异常小——比量子引力效应变得重要的能量尺度小了大约 17 个数量级。如果没有超越标准模型机制的新理论来稳定这个值，那这一尺度和量子引力尺度应该大致相当。

其次，不同于 1900 年的情况，现在存在几个“臭名昭著”的已知的自然未解之谜，它们需要解释，而标准模型无法提供。其中包括两个宇宙学难题：（a）看上去支配星系和星系团的动力学的主要质量形式显然不是由构成可见物质的基本成分——质子和中子——组成的，因此很可能由一些不在标准模型之列的新形式的基本粒子组成；（b）更奇怪的事实是，宇宙中占据主导地位的能量形式似乎根本没有对应任何物质，甚至没有对应任何形式的辐射。相反，我们看到，这种能量似乎存在于空的空间中，迄今为止，任何理解它的尝试都失败了。这大概是宇宙学和基础物理学中最大的未解之谜。

除了这些宇宙学之谜，粒子物理学中还有一个显而易见的谜团。我最喜欢的自然基本粒子是中微子，也就是在核反应过程中释放出的一类飘渺的粒子，它们与正常物质的相互作用弱到太阳内部核反应产生的流向我们的中微子可以直接穿过地球，而不发生任何相互作用。这种粒子具有标准模型无法预测的质量，这种质量甚至无法轻易归纳进标准模型中。其中一定涉及一些新的物理理论，只是我们不知道是什么。

最后还有引力。引力在自然已知的四种力中显得格格不入，因为经典广义相对论与量子力学不兼容。两者之间必须放弃一个，要么是引力，要么是量子力学。无论哪种方式，都需要一些全新的东西。

在电影《马耳他之鹰》中，饰演萨姆·斯佩德的亨弗莱·鲍嘉说了一句改编自莎士比亚作品的台词而在电影史上青史留名，他把那件臭名昭著的马耳他之鹰的工艺品称为“造梦之物”。几千年来，随着科学逐渐试图掌握物质的基本性质，另一种改编似乎恰如其分。从德谟克利特的“原子”，到盖尔曼的夸克，哲学家和科学家从事的工作或许恰恰可以被描述为“造梦之物”。

一而再再而三发生的情况是，人们原本提出一些抽象概念只是为了当占位符使用，用来帮助分析我们在周遭世界中观察到的令人瞠目的复杂性，结果却发现这些概念是真的，但往往是以出乎意料的方式。

公元前 5 世纪，德谟克利特最早推测物质可能由单独的原子组成，但对这些原子可能是什么样子的，他没有提供任何具体的理解或者解释。当原子开始被理解为一种真实的实体时，最早直接探测它们的欧内斯特·卢瑟福发现了一些完全出乎意料的东西。

当时人们认识到，原子并非不可分割的实体。第一种亚原子粒子电子在 10 年前的 1897 年刚被英国物理学家J. J. 汤姆孙发现。汤姆孙和其他人一样，一直在寻找电流中电荷的来源，而他发现，电子是阴极射线管中受磁场影响的独特粒子，这让他得以测量电子的荷质比，并且注意到这与之前测量的原子荷质比大相径庭。假设电荷相等，电子的质量被确定为氢原子质量的大约两千分之一。这粉碎了原子是最小的基本粒子的想法。

在此之后，人们假设原子是由一些均匀的重物质组成的，电子则嵌入其中，就像布丁里的葡萄干一样。但当卢瑟福用其他原子质量级的物体轰击金原子时，他发现了一些惊人的事情。大多数情况下，用来轰击的“炮弹”根本不会偏转，但偶尔它们会偏转回发射源的方向。这说明原子里大部分都是空的空间，而在它们的中心存在一些非常重、非常致密的东西。

我们现在知道，位于中心的东西就是原子核，但在当时，这些重的中心部分的组成还不为人所知。卢瑟福测定了最轻的氢核的质量，发现这是一种新的候选基本粒子，并把它命名为“proton”（质子），这个词来自希腊语，意思是“第一”。

有一段时间，人们认为原子一定由一个包含质子的核组成，核周围是电子云。问题是，如果核中质子的数量与核周围电子的数量相等，那么更重的原子的质量就无法解释，这些原子质量似乎比预想中更大。一种可能性是，原子核里有更多质子，但一些电子也在核中，所以原子整体仍然保持电中性。

1932 年，詹姆斯·查德威克发现了一种新的中性亚原子粒子，也就是中子，这个难题终于得以解决。有了这一发现，人们明白了原子核同时包含质子和中子，这解释了原子核的质量为什么这么大，同时让核中的质子数量得以等于核周围的电子数量，以使原子保持电中性。

这本可能就是故事的全部了，但中子这种在所有比氢重的物质中最丰富的粒子（因为重核中的中子通常比质子多），实际上是放射性的。

一个没有被束缚在原子核中的自由中子的半衰期大约只有10分钟，也就是说，如果有一堆自由中子，其中一半会在10分钟内衰变。

我们很快就会讲到它们衰变的产物。现在，让我们先关注衰变本身，这相当惊人，因为刚刚我提到，你体内的中子比其他任何粒子都要多，而大多数人存活的时间都超过10分钟。

这个看似矛盾的现象的解决方案来自中子和质子的质量几乎完全相同的事实。中子只比质子重大约千分之一。这种差别足以让自由中子衰变成质子（和其他轻粒子）。然而，当中子被束缚在原子核内时，它在被捕获的过程中会损失能量。爱因斯坦告诉我们，质量和能量是等价的，因此，中子在被束缚在原子核中时，实际上失去了足够的质量，因此从能量角度来看，它们也就不会再衰变成质子了，就是这个惊人的巧合让稳定的物质得以维持稳定。

时至今日，仍有一个与中子衰变有关的谜团。测量中子寿命有两种不同的方法。一种用到了中子“束”，测量进入一片区域的中子数量，以及在一段距离（和时间）之后离开这片区域的数量。另一种方法用一个磁瓶捕获中子。虽然中子不带电荷，因此无法受到带电的电极操纵，但中子的行为就像小磁铁一样，因此，可以用磁场产生一种力，让它们远离容器的壁，差不多处于静止状态。一个中子在阱中衰变时，就会释放出一个质子和一个高能电子。我们通过测量这些衰变产物，就能试着测量中子的寿命。

这就是关键所在。这两种方法应该得出相同的数字，但结果并非如此。基于这两种技术的更灵敏的实验总是得到不一样的数字，其中一种得到的寿命与另一种相差 5 秒左右。

5 秒似乎并不多，但是，在这个每项技术的实验灵敏度据说不确定性都只有不到 2 秒的时代，这种差异哪怕不是决定性的，也非常令人不舒服。

遇到这样的问题，有两种答案。要么是其中一种技术存在缺陷，实验结果显示的差异其实并不显著，要么这种差异背后确实存在一种潜在的物理原因。一群人声称，也许存在另一种中子衰变机制，它不发射质子和电子，而是发射暗物质粒子。这些粒子在衰变计数实验中不可见，因此认为的衰变中子比实际的更少，寿命也就因此更长了。

现在判断是否需要新的物理理论还为时过早。我赌不会，因为在我的一生中，这类异常几乎都和探测器有关。但我希望自己是错的。我们此时还不知道。

中子衰变还带来了另一个谜题，让物理学家提出了一个关于物质的古怪想法。这个想法后来被证明是对的，但多年后他们大吃一惊，他们发现这种想法非但没有过于疯狂，反而还不够疯狂。

我已经介绍了中子是如何被观测到衰变成质子和电子的。但很快就出现了一个问题。当一个静止的粒子衰变为两个质量分别为m_1和m_2的粒子时，物理学基本定律之一动量守恒定律会告诉我们，这两个出射粒子一定朝着完全相反的方向发射，它们的速度遵循固定比率，1号粒子的出射速度的大小等于2号粒子的速度除以它们的质量比。

这只是说这两个粒子带有固定的出射速度，无法改变。但由于这些速度同样决定了这些粒子携带的能量，这意味着，出射粒子的能量测量值也是固定的。（如果两个出射粒子中有一个比另一个重得多，比如中子衰变成质子和电子的情况，电子的质量是质子质量的千分之一，衰变过程中几乎所有可用的能量都会被更轻的粒子带走。）

但当实验学家在中子衰变中测量出射电子的能量时，他们发现，这些电子能以各种不同的能量发射出来，完全违反了经典物理学的两大核心支柱——动量守恒和能量守恒——的基本限制。当时杰出的理论物理学家尼尔斯·玻尔在这个难题的驱使下提出，也许在亚原子水平上，人们不得不放弃这些神圣的守恒定律。

然而瑞士物理学家沃尔夫冈·泡利思路更灵活，他意识到，如果中子衰变会发射出第三种看不见的粒子，那么问题就能解决。这种粒子可以吸收电子没有携带的动量和能量。泡利在给大名鼎鼎的同事莉泽·迈特纳和汉斯·盖革的一封开玩笑的信中提出了这种粒子。

这种想法从多个方面来讲都很大胆。首先，新的粒子必须非常轻，甚至比电子还轻，因为算上电子和质子的能量之后，衰变产物中已经几乎不剩什么可用的能量了。其次，它必须完全不可见，因为它在实验中没有被观测到。这意味着它不仅一定得是电中性的，而且和物质的相互作用也必须比自然中任何已知粒子都弱得多。

伟大的意大利物理学家恩里科·费米没有被吓退。他认为泡利的想法相当妙，他甚至给这种新的假想粒子起了个名字，叫作中微子，意思是“中性的微小粒子”。费米把它纳入了一个新的中子衰变理论，这个理论最终促进了粒子物理学标准模型的关键元素之一的形成。

不用我说你也知道，23年后的1956年，同样富有创造力的实验物理学家弗雷德·莱因斯（Fred Reines）和合作者克莱德·科温（Clyde Cowan）找到了探测这种难以捉摸的粒子的方法，就是在核反应堆的核衰变释放的无数中微子中，观察少量中微子的相互作用。事实证明，想象中的中微子其实是真实存在的。

前面说过，中微子是自然中我最喜欢的粒子。理由在于，除了它们“超凡脱俗”的特性之外，它们自从被发现起，就以这样或那样的方式参与了几乎每一项有关物质本质和主导物质动力学的力的重大发现。我将在下文中略做解释。

第一点还是涉及中子衰变，以及中微子本身。许多基本粒子，包括构成原子的粒子（也就是电子、质子和中子）都表现出自旋。换句话说，它们带有角动量，就像旋转的陀螺那样。由于我们将很快就会说到的量子力学变化无常的特点，这些粒子实际上并不是真的像陀螺那样在自旋，尽管如此，它们的角动量测量值非零，就好像它们在围绕某个轴旋转一样。事实证明，在量子的世界中，它们可以同时围绕所有轴旋转，直到我们测量到它们以某个特定轴旋转的角动量。

电子、质子和中子具有所谓的 1/2 自旋，这意味着，在我们选择测量的任何轴上，它们都能存在两种不同的自旋态。它们可以有 +1/2 或 –1/2 单位的角动量，也可以是两种不同自旋态的线性组合。

如果一个像电子这样的粒子朝着某个方向移动，这个方向定义了一个轴，这个粒子的自旋角动量可以沿着轴指向前，也可以向后，或者是这两种态的线性组合。如果自旋角动量沿着轴指向前方，我们就说这个粒子是右手性的。如果它指向相反的方向，它就是左手性的。

这种命名法的原因解释起来相对简单。想象一个陀螺，沿某个轴向着一个方向移动的同时，绕着同一个轴（沿着运动方向看）顺时针自旋。在这种情况下，陀螺的自旋角动量就指向运动的方向。

现在假设这个方向指向一面镜子。在镜子的反射中，陀螺看起来就是朝着相反的方向运动的（向外朝着你运动），但它自旋的方向不变。所以，在镜子的反射中，陀螺的自旋角动量就指向了和运动相反的方向。

现在举起你的右手，弯曲四根手指，同时拇指指向前，朝着远离你的方向。可以看到，你的手指是顺时针弯曲的。因此，弯曲的手指代表陀螺旋转的方向，而你右手拇指就是陀螺的自转角动量方向。如果你在镜子里看着你的手，你的拇指指向镜子，你的右手现在看起来就会像一只左手，手指顺时针弯曲。因此，弯曲的手指代表陀螺旋转的方向，你左手拇指就和陀螺的自旋角动量相反。

另一个关于中微子的有趣故事发生在弗雷德·莱因斯发现中微子的同一年。1956年夏天，两位年轻的粒子理论学家李政道和杨振宁在拥有粒子加速器的布鲁克海文国家实验室里度过了一个夏天。当时物理学界被一个谜题所困：两种看似不同的粒子，具有完全相同的质量和寿命，但又会衰变成不同的衰变产物，这太奇怪了。这忍不住让人假设，这两种粒子实际上是同一种粒子，只是具有两种不同的衰变模式，一些粒子衰变成一组衰变产物，而另一些衰变成另一组。这种情况经常发生。

问题是，在这种情况下，这似乎不可能。

有一条看似基本的自然定律被称为宇称守恒。它说的是，左右互换的镜中世界，看起来和我们的世界是一样的，行事方式也相同。假设物理过程不应该区分左右似乎非常合理，因为左右毕竟是人类的发明。我们中的一些人就很难准确分清左和右，因为它们只是任意的标签而已。

这并不是说所有物体都是左右对称的。比如你的脸就不是完全对称的。宇称守恒只是说，你照镜子的时候，不应该仅仅因为左右脸互换了而看见什么奇怪的东西。

粒子的组合既可以有“奇”宇称，也可以有“偶”宇称。意思是，如果你看镜子里的组合，它们要么是一模一样的，要么就像你的手一样，右手变成了左手。举个例子，如果我有两个电子，一个是左手性的，一个是右手性的，我在镜子里看它们，还是会看到一个左手性的电子和一个右手性的电子。电子本体会改变，但由于电子都相同，所以组合后的系统与原来的系统相比不会发生变化。

如果宇称是守恒的，那么即使系统中一个粒子衰变了，最初具有偶宇称的系统也不会演化成具有奇宇称的系统。

现在回到1956年的衰变粒子谜题。人们发现，两个粒子衰变产生的两种不同组态具有相反的宇称。因此，两个原始粒子不可能代表同一类粒子，因为它的宇称一定要么是奇宇称，要么是偶宇称。

李政道和杨振宁用了一种不可知论的方法。他们没有根据常识坚信宇称在所有粒子相互作用中都守恒，而是决定看看有没有什么已经做过的实验可以检验宇称是否守恒。因为如果它不守恒，这两个叫作τ和θ的粒子的衰变之谜就能解开了——它们可能是同一种粒子。如果不是两种衰变产物测得的宇称相反，人们本会这么认为。

果然，他们发现并没有人做过实验来检验宇称是否在这些类型的衰变中守恒。李政道和杨振宁提出了几种实验，最简单的一种涉及常被称为β衰变的中子衰变，因为这个衰变过程会发射电子（最初叫作β粒子）。

如果在磁场的作用下，一个中子的初始自旋被设定为向上，那么如果宇称守恒，人们就会看到出射电子射向上半球和射向下半球的衰变一样多。否则，如果我们把“上”定为“左”，把“下”定为“右”，自然就会将这两个方向区分开来。如果宇称破缺，我们就会期望看到在一侧半球记录下的事件比另一侧半球更多。

几乎就在他们写完论文的同时，实验学家根据他们的建议进行了两项实验，其中一项涉及中子衰变，另一项涉及非常相似的μ子（质量更重的电子）衰变为电子和中微子。这两项实验都确切证明，宇称守恒在这些衰变——由一种我们现在称之为弱力的力介导——中不仅不成立，而且最大程度地破缺了。在实验之前，一向持怀疑态度又爱开玩笑的沃尔夫冈·泡利在写给同事的另一封信中说，他无法相信上帝是个软弱的左撇子[①]。（考虑到他是瑞士人，我猜他说的不是棒球术语。）他很高兴事实证明自己错了。

物理学家已经发现，就弱相互作用，也就是介导这些粒子衰变的力而言，自然可以辨别左右！

那么，中微子在这一切之中处于何处呢？最终证明弱相互作用在最大程度上违反了宇称的证据，就来自对自然中一种粒子的性质的研究。这是唯一一种只能感受到弱相互作用，但感

---

① 原文为a weak left-hander，有“在弱力上偏向于左手”的双关意。——编者注

受不到电磁相互作用，也感受不到主导质子和中子动力学的所谓“强”相互作用的粒子，也就是中微子。据我们所知，我们在自然中观察到的中微子都是左手性粒子。它们总是以和运动相反的方向自旋。它们是唯一一种具有这种性质的粒子——这就把我们与镜中宇宙区分了开来，因为镜中宇宙仅仅包含右手性的中微子。

更广泛地说，像电子这样的粒子既可以是左手性的，也可以是右手性的，它们对电磁力和弱力都很敏感，对这类粒子而言，受到弱力作用时，左手性和右手性版本受到相互作用的方式不一样。为什么弱相互作用具有这样的性质？我们不知道，但我们认为答案就在于理解弱力和自然中的其他力之间的关系。

这种关系始于弱力和电磁力之间的一种显著的联系。从表面上看，这两种力似乎大不相同。一种力是长程的，另一种力则只在比原子核还要小的尺度上发挥作用。一种力强到足以支配所有化学反应，另一种力则弱到核反应释放的中微子能在不发生任何相互作用的情况下穿越整个地球。

20 世纪 60 年代有人提出假设，如果传递弱力的粒子很重，那么弱相互作用看起来如此不同于电磁力的原因就可以解释了。在电磁的量子理论中，电磁力是通过交换光子而传递的，这种粒子就是电磁场的量子，也是构成可见光、无线电波、X射线等电磁波的粒子。光子没有质量，众所周知，爱因斯坦证明了它们以光速传播。

电磁力是长程力的原因与光子的无质量性质直接相关，正因为光子没有质量，所以它们可以在远距离的粒子之间进行交换，而涉及的能量微乎其微。

如果弱力同样可以归因于粒子交换，但其载体不是无质量的，反而非常重，几乎是质子质量的100倍，那么弱力的短程性质和它微弱的特性就可以解释了。弱力的载体由于它们的静止质量而携带了大量能量，因此在远距离上无法轻易交换。

谢尔登·格拉肖于1961年首次提出了一个优美简洁的数学框架来解释这一过程。在他的设想中，光子在粒子之间的交换方式，与这些新的载力粒子（我们现在称之为W粒子和Z粒子）的交换方式差不多是一样的，只不过后者非常重，而W粒子和Z粒子与其他基本粒子之间的耦合对于左手性和右手性的粒子来说是不同的。这样一来，两种看似不同的力就能统一进一个数学框架中。

这在数学上成立，但也引出了很多物理问题。显而易见却被回避的事实依旧是W粒子和Z粒子巨大的质量尺度。为什么它们很重，而光子却没有质量？这个问题的答案有赖于一种非凡想法的发展，这种想法后来成了粒子物理学标准模型的核心部分，而格拉肖最初试探性的提议也成了标准模型的一个新部分。

1967年，史蒂文·温伯格和阿卜杜勒·萨拉姆分别提出，两年前理论学家开发出的一种非凡的机制可能提供了关键信息。这种机制是由几个团队开发的，但如今与彼得·希格斯联系得最紧密。这种理论的核心思想是，所有基本粒子，包括当时提出的W粒子和Z粒子，本质上都没有质量，我们所测的它们拥有的质量是我们环境的偶然产物。

这是一个非凡的主张，它当然需要非凡的证据，而这些证据花了将近 50 年才得到。这种想法的要点是存在一个弥散在整个空间中的场，这个场与一种叫作希格斯粒子或者希格斯玻色子的新的基本粒子有关。与这个场相互作用的基本粒子在移动时会遇到一些阻力，就像在泥地里向前推铲子一样，这种惯性让它们表现得好像有很大质量似的。与这个场相互作用更强的粒子看起来就更重，而相互作用没那么强的粒子看似更轻。一些粒子，比如光子，根本不和这个场发生相互作用，就还是没有质量。

这种想法很妙，但它对理论学家来说如此诱人的最大原因是，它提供了一种数学机制来赋予W粒子和Z粒子质量，又不会破坏美丽的潜在数学对称性，也就是规范对称性，这种对称性将描述弱相互作用的理论与描述电磁的理论联系在了一起。其他任何赋予W粒子和Z粒子质量的方法都会明确破坏这种联系，还会阻碍任何可能产生合理、可计算结果的弱相互作用理论的发展。

当然，无论有人异想天开地希望什么，在物理学中，证明来自检验，而不是来自美。检验的第一步就是看看“臭名昭著”的W粒子和Z粒子是否存在。

要做到这一点，唯一的办法就是制造一台强大到足以产生这些粒子，而且精确到可以“大海捞针”的机器。第一项要求非常苛刻，因为这需要建造一台新的高能加速器。第二项要求就更艰巨了，因为W粒子和Z粒子参与的是弱相互作用，而如果质子这样的粒子在极高能量下对撞，与少数直接产生W粒子或Z粒子的相互作用相比，由强相互作用粒子的相互作用产生的事件要多数十亿倍。

令人惊讶的是，尽管困难重重，1983年，日内瓦郊外欧洲核子研究组织（CERN）的一台加速器上的探测器还是记录下了这两种粒子的发现。中微子再次发挥了作用。

为了将罕见的W粒子事件从巨大的背景中分离出来，必须得有一种非常特殊的信号。一个W粒子可以衰变成一个电子和一个中微子（实际上是一个反中微子，但在这里，它们基本上可以被看作是一样的）。在探测器中，电子会留下一条可见的带电轨迹，但中微子则能逃过检测。这样一来，W粒子产生的信号就是观测到一个高能电子，但没有观测到其他粒子在它的相反方向产生来平衡电子的动量。

没有任何其他过程能够产生如此独特且不寻常的信号，就像著名的禅宗公案[①]所说的“一个巴掌拍得响”。或者化用另一段阿瑟·柯南·道尔爵士的文学典故更贴切：这就像夜里不叫的狗一样，将是揭开弱相互作用之谜的重要线索。

1983年1月21日，在CERN的一次研讨会上，这项实验的负责人卡洛·鲁比亚（Carlo Rubbia）展示了从两台搜寻W粒子和Z粒子的探测器之一所分析的数十亿事件中找出的6个明显带有这种标记的事件。此后不久，差不多数量的其他事件揭开了Z

① 禅宗术语，指禅宗的一个小故事，通常与开悟过程有关。——译者注

粒子的真实面纱。弱力的载体，也是标准模型的核心，在预测的地方被准确揭示了出来。

这项实验发现非常重要，但在优美的电弱统一理论中，仍然缺少关键的一环，也是似乎最不自然的一部分。那就是赋予W粒子、Z粒子和其他所有基本粒子质量的部分：希格斯场。

我觉得它似乎很不自然，因为W粒子和Z粒子就好像电磁力载力粒子的自然延伸，类似于光子的更重的拷贝，而希格斯场则要求存在一种新的基本粒子——自然而然地被称为希格斯粒子（前面提到过）。这种粒子与自身和其他粒子相互作用的方式可以产生所需的效果，但物理学的其他任何基本原理都没有建议或者要求这样做。我一直相当怀疑自然是否真的会采用这种特定的机制来实现赋予粒子质量的目标，我觉得希格斯粒子也只是一种便捷的蹩脚数学产物，是其他（也许是更有趣的）物理学理论的占位符。我记得谢尔登·格拉肖说过，希格斯机制就像标准模型的“粪坑”，人们把不想去思考的东西都藏在里面了。

在发现W粒子和Z粒子之后的29年里，实验物理学家倾其所有，努力发现或者排除希格斯机制。由于希格斯粒子的质量在理论中并没有受到严格限制，随着每一台启动的新机器能量越来越高，寻找希格斯粒子的工作也变得越来越紧迫。最终，粒子物理学界决定建造一台保证能找到或者排除希格斯粒子的机器。然而，这台叫作超导超大型加速器（SSC）的机器从未建成，主要由于美国的政治问题。相反，CERN现有的一台加速器被升级成了大型强子对撞机。两束高能质子以相反方向环绕26.7千米长的隧道运动，每个质子都被加速到了其静止能量6 000多倍的能量，然后与反方向运动的质子迎头对撞。

2012年7月4日，希格斯粒子终于被发现，振奋人心。在此之前的几个月里，我在澳大利亚和美国之间往返，和太平洋两岸参与CERN实验的实验人员交流。同年4月，我从一位实验学家那里得知，他们已经排除了希格斯粒子的几乎整个容许质量范围，除了一个大约为125倍质子质量的狭窄窗口，他们希望在分析新数据时能够排除剩余的范围。

作为一个对希格斯粒子持怀疑态度的人，我觉得这太让人兴奋了，因为如果希格斯粒子不存在，就一定会有更奇怪的事情发生。

但大自然并不这么想。在那个最后才被详尽分析的狭窄窗口中，希格斯粒子出现了。量子物理学家在深夜时分的发明再一次成了现实。

尽管希格斯粒子的发现为我们理解物理宇宙奠定了基础，但实际上它提出的问题远远多于回答的问题。

首先就是，我们几乎完全不知道希格斯玻色子，以及它在整个空间中建立的背景场，为何具有它们所具有的这般性质。它似乎完全是种临时安排，是一种对理论的便捷的补充，让理论说得通，同时允许物理世界以它所具有的性质存在，让恒星、星系、人类（本质上是所有形式的物质）得以存在，而没有任何潜在的令人信服的数学原因。

此外，我们所知的关于量子物理学的一切都表明，观测到的希格斯粒子的尺度，包括它的质量和电弱统一的能量尺度，其数值存在于一个可能不应该存在的范围内。

问题的关键在于，希格斯粒子是本质上无自旋粒子的第一个例子。这种粒子对发生在小尺度上的量子过程的影响格外敏感，会引发所谓的虚粒子。

相对论定律与量子力学相结合，意味着在小尺度上，虚粒子可以自发出现，并迅速消失得无影无踪，也没有任何约束。虽然我们无法直接测量这些粒子，但它们的短暂出现和消失会以我们可以精确计算的方式影响到我们可以测量的粒子特性。这种影响现在已经被测量到了小数点后 10 位以后，理论与观测结果一致。

虚粒子会影响实粒子的质量。问题是，对希格斯粒子来说，虚粒子的影响会推高它的质量。原则上来说，虚粒子会把希格斯粒子的质量推到一个高得离谱的数值。但如果这种理论被嵌入一个包含某种高能量尺度的新基本粒子的基本理论中，新的虚粒子就会存在并带来影响。在某些条件下，它们可以稳定希格斯粒子的质量，让更高能量的虚粒子的影响也能忽略不计。

我们认为新物理学理论必须介入的最显著的高能量尺度，即引力中量子力学效应变得重要的尺度，也就是所谓的普朗克尺度。这比质子质量的能量高出了大约 19 个数量级。但希格斯粒子的质量比这个尺度小 17 个数量级。为了解决这个问题，物理学中必须引入某种东西——我们还不知道是什么。

由于在电弱统一尺度和量子引力尺度之间还存在着巨大的

尺度级列，这个问题被称为物理学中的级列问题。

级列问题激发了大量理论研究，这些研究试图提出一些新的物理学方法来稳定电弱尺度。最简洁的尝试可能是提出自然中存在一种迷人的新对称性，也就是超对称。

前面说过，基本粒子可以表现出自旋，因为它们携带着内禀角动量。像电子和质子这样自旋为1/2的粒子被称为费米子，以描述这些粒子的量子统计特性的恩里科·费米的名字命名。其他像光子、W粒子和Z粒子这样的粒子具有两倍的自旋角动量，也就是自旋为1。这些粒子被称为玻色子，以印度物理学家萨特延德拉·纳特·玻色命名，他与爱因斯坦一同描述了这些粒子的量子统计特性。

玻色子和费米子大相径庭，它们在许多方面确实表现得截然相反。量子力学中的泡利不相容原理认为，没有两个相同的费米子可以同时占据同一个量子态。相反，玻色子喜欢处于相同的态中，有一种叫作玻色-爱因斯坦凝聚的现象描述了这一点。这意味着，即使一整个玻色子的宏观集合也能同时处于同一量子态中。第一次在实验室中观察到这种现象的发现意义惊人，观察到它的实验学家因此获得了诺贝尔物理学奖。贯穿空间的背景希格斯场实际上是一种相干的玻色-爱因斯坦凝聚体，所以从这个意义上说，玻色-爱因斯坦凝聚体是我们的存在的先决条件。

尽管玻色子和费米子不同，但理论学家开发出的一种新的数学对称——超对称——将它们联系在了一起。如果超对称是一种显而易见的自然对称，那么自然中每一种玻色子都应该存在一个相应的费米子，它们具有相同的质量、电荷等。

当然，世界看起来并不是这样的，所以有人可能会问，为什么我们还要讨论这种对称。我们这么做除了它在数学上的简洁之外，原因还在于，超对称会对能影响可观测粒子特性的虚粒子种类产生影响。虚玻色子和费米子为希格斯粒子的质量等性质提供了符号相反的量子贡献。如果超对称得以显现，玻色子和费米子对希格斯粒子质量的虚量子贡献就会完全被抵消，任何虚过程都不会影响希格斯粒子的质量。因此，它不会被推到接近普朗克尺度的非常大的尺度。这就能解决级列问题。

我们能鱼和熊掌兼得吗？超对称能否解决级列问题，即使它在我们观察到的世界中并不明显？答案是肯定的。背景希格斯场让我们观测到的粒子具有不同的质量，从而使我们观测到的世界与基本尺度上的世界描述大相径庭，在基本尺度上，所有粒子本质上都没有质量。同样，我们也可以想象一种与之相关的现象，这涉及另一种奇怪的背景凝聚体，它让我们观测到的所有粒子的超对称伙伴都获得了相当大的质量，大到我们还没有在加速器中发现它们。

这不仅可以解释为什么我们无法在目前可测量的尺度上观察到超对称，还能解释为什么电弱尺度是这样的。如果粒子和它们的超对称伙伴之间的质量差与W粒子、Z粒子和希格斯粒子的电弱质量尺度具有相同的数量级，那么玻色子和费米子之间的虚量子效应就不会完全被抵消。不会抵消的量就与粒子和它们的超伙伴之间质量差值在同一数量级。因此，量子效应就会贡献出观测到希格斯粒子带有的希格斯质量的数量级。

超对称似乎是一种很有吸引力的想法，它既是自然的基本对称性，又有可能解决级列问题，以至于在（发现了希格斯粒子的）大型强子对撞机发现希格斯粒子之前，科学家就希望它能发现普通物质的超对称伙伴。唉，它却没发现。

然而，缺乏证据未必就证明没有，标准模型的超对称扩展灵活到可以避开迄今为止的探测。但我们继续探测的时间越长，没有发现任何普通物质的超对称伙伴的时间也就越长，超对称就越难继续成为解决级列问题的可行方案。因此，我们会发现自己处于这样一种境地：我们知道存在问题，但还不知道是否有正确的解决方案。

顺道一提，由于超对称是弦论不可分割的一部分，人们就更指望它存在了。一种可能的量子引力理论也悬而未决……

我已经讨论过构成原子的电子、质子和中子，但就我们所知，这三种粒子中只有电子是真正的基本粒子。质子和中子是由更基本的、带分数电荷的粒子构成的，这些粒子被称为夸克。

夸克最早作为质子和中子等强相互作用粒子的数学成分而被提出，是为了解决20世纪五六十年代加速器发现的越来越多的亚原子粒子的分类问题。我用“数学成分”这个词是为了反映这一事实，即夸克模型被视为一种抽象概念，体现了可能来自某种更深层次的未知潜在物理学理论的数学对称。换句话说，夸克本身未必被视作真正的粒子。一些夸克模型的提出者可能就是这样认为的，其中就包括物理学家默里·盖尔曼，正是他根据詹姆斯·乔伊斯的《芬尼根的守灵夜》中的一句话起了“夸克”这个奇特的名字。

人们之所以对夸克持怀疑态度，其中一个原因就是从未有人观测到带分数电荷的粒子。这里的问题比早先没有观测到原子的问题更深刻。就原子而言，当时没有任何工具可以在如此小的尺度上探测物质。但对夸克来说，情况已大为不同。粒子加速器让高能质子束与物质对撞，在这个过程中产生了大量新的强相互作用粒子，但对撞中却没有出现任何类似的带分数电荷的夸克。

1969 年，夸克的现实出现了，你可能已经猜到了，中微子在其中也发挥了作用。位于帕洛阿尔托的斯坦福直线加速器中心（SLAC）的实验人员利用电子束探测了质子的详细性质。之所以使用电子，是因为电子和中微子一样，感受不到支配质子和中子相互作用的强力。因此，它们与质子的相互作用完全是电磁作用的结果，由于当时人们对强力还不完全了解，分析质子散射电子的实验结果更为容易。

回忆一下，卢瑟福用原子散射 α 粒子时惊讶地发现，在原子中心存在一个沉重、密度惊人的原子核。质子散射电子的结果虽然不同，但同样令人惊讶。质子似乎是由更小的粒子构成的，这些粒子似乎在质子内部自由移动，就像盒子里的粒子一样。

起初，人们并不清楚这些是不是盖尔曼设想的夸克，理查德·费曼称它们为“部分子”。为了确定它们的特性，其他实验人员用高能中微子轰击质子，中微子仅仅通过弱相互作用发生作用。将电子散射实验和中微子散射实验的结果结合在一起，研究者证实了部分子确实具有分数电荷，这完全符合夸克模型的预言。夸克是真实存在的！

然而，还有两个大问题。首先，质子和中子是通过自然界中最强的力，也就是所谓的强力发生相互作用的，但电子散射实验探测到的质子内部类似夸克的物体，似乎某种意义上是在自由移动，相互作用微乎其微。第二个问题更突出：如果这些粒子存在于质子内部，为什么没有任何一次散射实验击出过一个夸克，让我们发现裸夸克的存在？

这些难题的解决既令人印象深刻，又出人意料。理论学家基于夸克模型构建了一种理论，其中夸克的相互作用模仿了带电粒子的电磁相互作用，但它有三种不同的荷。因为找不到更好的术语，物理学家根据美术中三原色的类比，将它们称为色荷。

但由于夸克的强相互作用比电磁作用强得多，物理学家还没有足够的数学工具来全面分析这种理论的定量影响。

1972年，戴维·格罗斯和弗兰克·维尔切克，以及独立进行研究的戴维·波利策都得出了一项惊人的理论结果。在分析夸克之间的距离如何影响它们之间的强相互作用时，他们发现，相互作用的强度会随着夸克彼此接近而减弱。这意味着，在电子散射实验中探测的高能量、非常小的尺度上探测质子内部时，夸克的相互作用会被抑制。这就解释了令人惊讶的电子和中微子散射实验结果，即质子内部的“部分子”看起来几乎没有发生相互作用。格罗斯和维尔切克将强相互作用的这种显著特性称为

“渐近自由”。

渐近自由还有另一面。如果夸克之间的相互作用强度在短距离上变弱了，那么它在长距离上就应该变强。这说明，强相互作用可能存在一种叫作禁闭的新性质，它可以解释为什么从来没有人观测到自由夸克。如果相互作用的强度随着距离的增加而不断增强，就像一根强力橡皮筋一样，夸克可能会永远被束缚在一起。

在相互作用的强度强到物理学家用传统方法无法分析基本粒子相互作用的范围内，强相互作用的数值实验表明，这种理论是禁闭的。但这一事实缺乏确凿的数学证明。克雷数学研究所向任何能证明它的人开出了100万美元的奖金。目前，禁闭仍然是个已知的未知。

渐近自由让实验人员得以将理论预测与观测结果进行比较，因为在短距离上，当高能探测器可以在小尺度上探索质子和中子的性质时，强相互作用变得足够弱了，让理论学家得以做出精确的数学预测。结果便是，量子色动力学（名字类比于被称为量子电动力学的量子电磁理论）被牢固确立为强相互作用的成功理论。

随着量子色动力学的问世，以及弱相互作用和电磁相互作用的电弱统一的成功，物理学家获得了自然中四种已知力中的三种的实用知识，只剩引力的量子理论尚未问世。虽然实验验证花了数十年时间，但标准模型作为一种理论早在1972年就已经发展出了如今的形式。

1929年，英国理论物理学家保罗·狄拉克想到了统一量子力学和狭义相对论的方法，进而带来了一种叫作量子电动力学的电磁量子理论。这是一项了不起的成就，也让狄拉克跻身20世纪最伟大的理论物理学家之列。而它还造就了一项令他感到难堪的预言。

他推导出的方程如今被称为狄拉克方程，这个方程产生了意料之外的含义。在模拟电子的相对论量子态时，方程需要一组新的态，那是一组看似能量为负值的状态。这些态也可以被视为正能量态，前提是假设存在一种粒子，它的电荷与电子电荷相等但符号相反，而质量和其他性质都一样。

狄拉克非常困惑。他提出，也许看似空无一物的空间里充斥着负能量电子之海，现在这被称为狄拉克海，它们无法被探测到。只要有足够的能量，我们就能把电子从这片海中踢出来，产生一个真正可观测的电子。这样，海中就少了一个电子，因此看起来就像是在其中留下了一个相等且相反的正电荷“空穴”（缺一个负电子）。他认为，也许这个“空穴”与海中其他电子的相互作用会让它表现得像一个有质量的正粒子，他认为是质子。但很快，泡利和其他人就证明了这个论点站不住脚。

狄拉克并没有为此困惑太久。在他的理论提出后不到一年的时间，美国物理学家卡尔·安德森在探测器中检查宇宙射线粒子的轨迹时，在宇宙射线中发现了一个与这种粒子相对应的轨迹，这种粒子除了带正电之外，其他方面都和电子很像。人们很快认识到，这种被称为正电子的粒子，正是狄拉克理论所预言的粒子。后来狄拉克本人也说，他的方程比他更聪明。

现在人们已经理解，量子力学和狭义相对论的结合产生的结果是，所有基本粒子，比如电子和夸克，都一定存在如今叫作反粒子的东西，也就是它们质量相等、电荷相反的伙伴。一些中性粒子，比如作为电磁相互作用载体的光子，则是自身的反粒子。正电子一定存在，反夸克也一定存在，反夸克可以构成反质子，以此类推。如今，所有这些反粒子都已经被探测到，在基本粒子加速器中制造反粒子已是家常便饭。事实上，物理学家可以创造反粒子束，并让它们与粒子对撞，从而进一步探索物质和辐射的特性。

反粒子看起来就像科幻小说里的东西，实则不然。当粒子和反粒子对撞时，它们可以将质能转化为纯辐射，但除此之外，反粒子的行为和它们对应的正粒子基本一致。它们会像粒子一样在引力场中下落。反氢由一个正电子和一个反质子结合构成，它的原子光谱与氢几乎完全一样。我们之所以用反物质这个名字称呼它们，只不过是因为我们恰好被物质而不是反物质包围。正如我在《〈星际迷航〉里的物理学》中所说，如果地球是由反物质构成的，那么反恋人可能会在反月亮之下在反汽车里做反爱。我在那本书中还提到，反物质之所以看起来既奇怪又异样，是因为我们不常见到它。比利时人看起来可能也既奇怪又异样。他们当然并不奇怪，但如果你很少碰见来自比利时的人，你可能就会觉得他们奇怪。（有一次我在比利时演讲，发现他们并不欣赏这个笑话。）

这自然会引出一个更深刻的问题。为什么我们生活在地球上，而不是反地球上？更具体地说，为什么我们眺望邻近的行星、恒星和星系时，只能看到物质，而没有反物质的痕迹？可以肯定的是，我们在轰击地球的高能宇宙射线的残片碎渣中探测到了一些反粒子，但它们罕见而奇特。为什么我们似乎生活在一个物质的宇宙中呢？

你可能不会每天早上醒来都想知道为什么会这样，但是，一旦物理学家开始考虑将微观物理定律应用在我们的宇宙中，这个问题就需要一个答案。

先来介绍一些术语。质子和中子是所谓重子的例子。在宇宙中观察到的质子和中子（构成我们所见万物的原子核）以及它们各自的反粒子之间的不对称，被称为宇宙的重子不对称。

问题在于，任何早期宇宙的合理图景都应该存在等量的粒子和反粒子。这是因为，如我们所见，非常早期的宇宙炽热而致密。当温度远远高于与粒子静止质量对应的能量时，辐射可以转化为物质，反之亦然。但中性辐射在转化为物质时，会创造出等量的粒子和反粒子，产生的总电荷因此为零。也就是说，在极高的温度下，粒子和辐射的致密气体中应该存在等量的粒子和反粒子。

然而，如果在最初的时期，重子和反重子的数量相等，我就不会在这里写这本书了，你们也不会在这里读这本书了。这是因为重子和反重子之间的强相互作用强大到足以让到目前为止所有重子和反重子都相互湮灭，只留下一个由辐射构成的空无一物的宇宙。

从现在开始倒推，我们可以发现情况差不多就是这样。在如今的宇宙中，宇宙中的每个质子对应着CMBR中大约10亿~100亿个光子。这意味着，在很早的时候，每10亿个左右的重子和反重子中只要多一个重子，就能产生现在观测到的这种比例。这10亿个重子会与10亿个反重子湮灭，产生现在构成CMBR的光子。每片区域还剩一个多出来的未配对的重子，而这些重子足以产生我们今天在宇宙中看到的所有恒星和星系。

要么宇宙以某种方式制造了非常非常少量的物质盈余（这似乎很难理解），要么是宇宙诞生之初的动力学过程创造了这种微小的盈余量。现代宇宙学面临的挑战就是要搞清楚这如何成为可能。

1967年，在物理学界的大多数人还没开始认真思考如何用基本粒子物理学来理解早期宇宙时，苏联物理学家安德烈·萨哈罗夫（Andrei Sakharov，苏联氢弹之父之一，后来因持不同政见而闻名）撰写了一篇颇具先见之明的物理学论文，准确概述了在早期宇宙中产生重子不对称所需的条件。这个理论并不漂亮，因为当时已知的物理定律不能满足其中的任何一条。这些额外条件是：

1. 可以创造或破坏重子净数量的相互作用。这类相互作用在日常物理中并不存在。如果它们存在，质子就不稳定了，它们可能会衰变成像正电子、中微子或光子这样的轻粒子。

2. 早期宇宙偏离热平衡状态。在热平衡中，一个方向的反应速率（比如创造重子的速率）一定和另一个方向的反应速率（比如破坏重子的速率）完全相等。所以，即使存在破坏重子的相互作用，如果宇宙处于热平衡状态的话，一开始没有重子不对称，之后也不会出现总的重子不对称。
3. 第三个条件更微妙，但基本上破坏了粒子和反粒子之间的对称。我之前说过，除了电荷相反，反粒子和它们对应的正粒子具有基本相同的相互作用。如果这是真的，那么在早期宇宙中，每一个粒子与其他粒子相互作用而创造或破坏重子的过程中，涉及反粒子的过程都恰恰相反。因此，如果一开始不存在重子–反重子不对称，只要这种对称保持不变，就不可能发展出任何不对称。

粒子与反粒子之间的对称有点儿微妙，值得我们更详细地探索一下。我们确实需要考虑自然中可能存在的两种不同对称的组合。为了让自然中的粒子和反粒子在互换时看起来是一样的，我们可以先把所有正电荷换成负电荷，再把所有负电荷换成正电荷（这种互换被称为电荷共轭变换，记为C）。接下来，我们可以进行我们已经见过的左右交换，这种交换被称为宇称（P）变换。我们可以通过一个简单的例子来理解为什么需要进行这两种操作（CP）。假设有一个电子和一个正电子朝着相反的方向运动，电子朝左，正电子向右。执行C操作的结果是正电子向左运动，电子向右运动。然后再进行左右互换，也就是P操作，结果又变成了电子向左移动，正电子向右移动。

同样重要的事实是，相对论和量子力学的结合告诉我们，在电荷（C）、宇称（P）和时间方向（T）同时反演的情况下，自然必须保持不变。因此，如果CP对称性破坏了（宇宙中产生重子–反重子不对称所需的条件），就意味着T也被破坏了，这样C、P和T的组合操作才能让物理系统保持不变。因此，CP破坏的证据就等于在说，物理定律在某个基本层面上区分了时间前进和后退的方向。

在萨哈罗夫的理论所需的过程中，第一个被证实存在的过程或许也是最奇怪的一个。1964年，令物理学界大吃一惊的是，在一种叫作K介子的奇异粒子的罕见衰变中出现了CP破坏。这些粒子包含不同于构成质子和中子的夸克的一种夸克，默里·盖尔曼称之为奇夸克。通过奇异粒子及其反粒子的混合，弱相互作用破坏了CP，这一发现再次震惊了物理学界。距这个时间仅仅8年前，宇称破坏的发现一度在物理学界引发地震。

CP破坏是个巨大的惊喜，因为它太罕见了，因此也太小了。过了近30年，人们才在更奇特的粒子系统中发现了CP破坏的其他案例。

在CP破坏的实验发现之后的近10年里，这种微小效应的可能起源一直是个谜。1973年，继先前同样大胆的想法之后，小林诚和益川敏英也提出了一种大胆的想法。差不多在发现CP破坏的同时，理论物理学家谢尔登·格拉肖和詹姆斯·比约肯推测，除了上夸克、下夸克和奇夸克之外，还可能存在第四种夸克，他们称之为粲夸克。1970年，格拉肖和合作者进一步用数学方法论证了这种夸克可能存在的原因，第一种包含粲夸克的粒子于1974年被发现。

提出第四种夸克粲夸克，是为了让夸克可以分成两个“家族”，就像轻子（由电子及其更重的亲戚“谁点的”μ子组成）和与之相关的中微子这两个粒子家族一样。这样一来，能把电子和μ子转换成它们各自的中微子伙伴的弱相互作用，就可以被想象成（构成质子和中子的）上、下夸克类似的相互转换，以及第二个家族中的奇夸克和粲夸克相互转换。

小林和益川在格拉肖及其合作者提出的粲夸克的基础之上认为，还应该存在第三个家族的夸克，也就是所谓的底夸克和顶夸克。他们的想法完全是“纸上谈兵”——基于一个简单的数学结果。如果存在三个家族的夸克，就有可能证明夸克的弱相互作用会导致夸克相互混合，从而在这些相互作用中自然而然地产生CP破坏的项。要是只有两个家族的话，就能证明不可能独立出现这样的项。

想象一下这种大胆的行为：他们纯粹根据一种叫作矩阵的对象的深奥的数学特性，为了在弱相互作用中能出现一个非常小的CP破坏参数，就预测出了一个新的夸克家族。

大自然再次顺水推舟。1975年，人们发现了电子的第三代更重的亲戚τ轻子及其对应的中微子。随后，物理学家于1977年发现了底夸克，到了1995年又发现了顶夸克，完善了夸克和轻子之间的对称。

现在，自然中有三代基本粒子，但只有第一代产生了我们熟悉的所有物体。这可真是比“谁点的”还要“谁点的”了。

有了三个家族的夸克和轻子，这12种粒子就有了12种可能的质量。弱相互作用有三种不同的方式可以耦合夸克的组合，也有三种不同的方式可以耦合中微子的组合。所有这些不同参数的值，每一种都得到了不同程度的精确测量，但它们的来源是什么？我们不得而知。

物质粒子就止步于三代了吗？会不会还有更重的夸克和轻子家族有待发现？事实上，我们强烈怀疑没有了，因为希格斯粒子的质量与最重的顶夸克的质量相当。如果粒子的质量来自它们与希格斯场的耦合，要是它们的质量比希格斯粒子的质量还大得多，就很难实现这一方案。

这个论点很有启发性，但由于我们并没有真正理解是什么（如果有的话）决定了不同家族的耦合性质，谁知道它是不是对的呢？这段有关CP破坏以及三代夸克和轻子的存在的有些冗长的题外话并不是白说的，不仅是因为它说明了我们对构成我们所知的所有物质的粒子的核心知识，说明了我们还欠缺哪些知识，还因为它关乎我们对产生观测到的宇宙重子不对称的过程的理解，并关乎我们还缺乏哪些理解。

在粒子物理学标准模型中发现的CP破坏似乎提供了一种可能解释重子不对称的关键因素，但可惜的是，它对任何解释都构成了阻碍。在夸克的弱相互作用中观测到的CP破坏太小了，无法解释如何在早期产生重子–反重子不对称的哪怕十亿分之一。

然而惊人的是，萨哈罗夫的重子生成配方中的另外两个条件同样可以在标准模型中找到。虽然弱相互作用和电磁相互作用在小尺度和极高温度下是统一的，但在宇宙冷却过程中的某一刻，它们的强度开始出现差异。这意味着早期宇宙中存在一个相变阶段，从电磁相互作用和弱相互作用基本相同的相，转变为它们之间存在差异的相。每当自然界中出现相变时，系统都有可能偏离热平衡，就像我之前介绍过的例子，冬天在繁忙的街道上，水的温度降到零摄氏度以下，然后突然结冰了。

此外，根据杰出的荷兰理论物理学家赫拉德·特霍夫特最先发现的奇异过程，甚至在标准模型中重子守恒破坏也可能发生。至少对于（由质子和中子构成的）我们的持续存在而言令人欣慰的是，在低温下这种影响小得惊人。但在早期宇宙中，这种效应可能会恣意发生。这听起来像是天赐良机，实则不然。如果这些过程在高温下处于热平衡状态，它们的净效应会抹去任何已经存在的重子不对称。

标准模型还有最后一个问题，也和CP破坏的考量有关。在弱相互作用中观察到的微小的CP破坏会进入强相互作用，从而导致质子和中子中任意大小的CP破坏效应，而这些都没有被观测到。这个问题被称为强CP问题，自20世纪70年代以来就一直存在，我们仍然不知道答案，但很明显，它需要超越标准模型的新物理学理论。

在宇宙中产生物质–反物质的不对称，和CP破坏打交道，以及理解基本粒子的构成，这些都需要一种超越标准模型的物理学理解。

除此之外，就算没有这些未解之谜，我们观察到的宇宙本质的一种特征也亟须解释。目前自然中已知的力有4种，分别是引力、电磁力、弱力和强力。它们的强度相差超过40个数量级，其中引力是最弱的，而强力自然就是最强的。还有其他尚未发现的力吗？

通过W粒子、Z粒子和希格斯粒子的发现，弱力和电磁力已经统一了，这就引出了一个问题，这个问题曾促使阿兰·古斯最早提出了暴胀理论，那就是，自然中所有已知（和任何未知）的力，有没有可能在某个高能量/短距离的尺度上统一？

1974年，物理学家发现渐近自由并完成电弱统一的基本理论框架之后，甚至W粒子、Z粒子、希格斯粒子、底夸克、顶夸克和τ轻子还没被发现，就有两项关键的进展向物理学家强烈表明，自然中至少三种非引力可能在高能量尺度上统一。

一旦人们认识到，在更小的长度尺度上使用更高能量的探针来探测强力时，强力会变得更弱，类似的检验就被应用于电磁力和弱力。自伟大的苏联理论物理学家列夫·朗道的研究起，几十年来，人们已经知道，电磁作用的强度也与尺度有关，在较小的尺度上，电磁作用的强度会增加。在电弱尺度，大约质子质量的100倍的能量水平，对应于只有质子大小的百分之一的距离，可以计算出与电磁力和弱力结合形成的力的强度，一种惊人的模式开始显现。随着弱力和电磁力变得越来越强，强力越来越弱，这三种力是否会在某个超高能量尺度上实现强度统一？

史蒂文·温伯格和霍华德·乔吉（Howard Georgi）等人的早期计算强烈暗示了一种可能性，那就是，统一尺度在能量上比质子的静止质量高大约 15 个数量级，或者说在尺寸上比质子还要小约 15 个数量级。尽管这种可能性令人着迷，但这种微小的尺度远远超出了当时以及现在的加速器能直接探测的范围。

与此同时，与温伯格一同推动了弱力和电磁力统一的谢尔登·格拉肖认识到了已知的力和粒子的另一种迷人的数学特性。

前面说过，自然中的每一种力都与某种对称有关，这被称为规范对称。从数学上来讲，我们可以把一种叫作李群的量与每种对称联系起来。群结构越大，传递力的粒子就越多。电磁作用只有一种粒子，也就是光子。弱力有两种粒子，分别是 W 粒子和 Z 粒子。而强力有 8 种被称为胶子的粒子，它们在夸克之间传递相互作用。

格拉肖与合作者霍华德·乔吉指出，所有这些对称群都可以组合成一个简洁的结构，这种结构不仅可以容纳自然中所有已知力，也能囊括所有已知的基本粒子。

此外，如果在自然中实现了这一点，那么在这种超高能量尺度上，就会产生新的相互作用，让质子衰变为电子和中微子等轻粒子。由于这种相互作用涉及极高能量尺度上的新物理学理论，它们对我们目前测量的尺度的影响微乎其微。质子的确会衰变，但其寿命超过 10^{30} 年，比目前宇宙的年龄还要长 20 个数量级。然而，当宇宙的温度与这些新的相互作用的尺度相当时（也就是宇宙只存在了约 10^{-35} 秒时），这些重子破坏的相互作用就可能频繁发生。而且，如果强相互作用、弱相互作用和电磁相互作用在这个尺度上统一，当温度降到这个尺度之下时，就可能出现相变，从而导致失衡效应。最后，有了所有新的粒子和相互作用，CP 破坏的新来源就很容易出现了。长久以来追寻的宇宙重子不对称的基本来源似乎唾手可得。

空气中弥漫着“大综合”的气味，1978 年，这些新的理论想法因此被赋予了一个新名字——大统一，这再合适不过了。

我还记得，我开始读研究生的时候，粒子物理学界开始关注这些令人兴奋的可能性，人们对大统一怀抱着殷切期望。我参加第一次大统一研讨会的情景历历在目。我和朋友乔·吕肯（Joe Lykken，他现在是费米实验室的副主任[①]）早早抵达了会议现场，大会工作人员问我们什么是大统一。我们忍不住告诉他们，这是一种新宗教，名曰“大统一教会”，大祭司是谢尔登·格拉肖和史蒂文·温伯格。

不幸的是，就像一幅印象派绘画一样，大统一的图景远观精妙绝伦，但当你靠近仔细研究时，画面就变得一团模糊，裂缝开始显现。

第一道裂缝与质子衰变有关。受到这些激动人心的理论进展的鼓舞，实验人员在作业的矿井中建起了巨型地下储罐，其中装满了超纯净水，并在罐周围安装了光电管，这些光电管对储罐

① 吕肯已于 2022 年 9 月 6 日卸任该职位。——编者注

内可能发出的任何光线都很敏感。这么做的理由是，如果质子的平均寿命是 10^{30} 年，那么将 10^{30} 个质子装在一个容器里，预计平均每年会看到一个质子发生衰变。当衰变产物穿过储罐内的水时，它们的散射就会产生显著辐射。

这些储罐在日本、美国和其他一些地方被建造并安装了起来，实验人员等待着一个信号。他们等啊等，等啊等。第一台质子衰变探测器开始运行至今已经过去了40多年，截至目前还没有发现任何信号。这并没有扼杀大统一的想法。质子寿命取决于模型的细节和统一的尺度。虽然最初的格拉肖-乔吉模型没能经受住考验，但还有其他很多可能，因为如果统一尺度扩大到2到4倍，质子寿命就会延长一个数量级或者更多。

至少对于最简单的大统一思想而言，一个更严重的问题是，只要在高能量下对三种非引力作用力的强度进行更详细的测量，并完成更详尽的理论计算，就会清楚地发现，至少在已知的标准模型物理学的背景下，它们相互作用的强度并不会统一，也就是不会在一个极高的能量下收敛到一起。

幸运的是，几乎在发现这个问题的同时，一种可能的解决方案也出现了。回忆一下，为了解决级列问题，也就是电弱统一的尺度和量子效应在引力中变得重要的尺度之间巨大差距的问题，物理学家提出了一种新的自然对称，那就是超对称。一系列普通物质的超对称粒子伙伴可能存在于电弱尺度附近，从而确保其稳定性。这些新粒子的存在将改变三种非引力相互作用强度收敛的计算，当这种可能性被纳入新的计算时，另一项神奇的结果出现了：这三种相互作用的强度现在能完美收敛在同一个尺度上，大约比质子的静止质量高16个数量级。这种增加的尺度也可以解释为什么没有观测到质子衰变的结果。

但不幸的是，如我所说，截至目前，在大型强子对撞机上还没有观测到普通物质的超对称伙伴。这一事实当然没有扼杀超对称想法，因为仍然存在一定的灵活性，但至少会扑灭一些希望，也会减少容许模型的存在空间。我们未来将会看到超对称和大统一究竟是会东山再起，还是会被丢进历史的垃圾箱中。现在，这两方面的证据都很有力，以至于大多数物理学家都指望得到一项发现，也许就在LHC新一轮运行中。在我写这本书时，LHC刚刚再次启动了。

大统一理论的发展是将引力以及其他自然力与弦论及其衍生理论进行统一的基石。但让我们拭目以待。现在，我们还不知道会出现什么新的物理学理论来揭开这些悬而未决的谜团。

大统一和宇宙的重子不对称都有一个重要特征，它和我之前详细讨论过的一个问题有关，那就是宇宙遥远的未来。如果质子的确会衰变，那就算它们的寿命超过10^{30}年，也如谢尔登·格拉肖曾强调的那样，“钻石不是永恒的”。物质本身终将是不稳定的。如果我们等待的时间足够长，宇宙中的物质就会消失。没有质子，也没有中子，就没有原子，没有行星，也不存在恒星。在这样一个寒冷、黑暗的宇宙中，会不会有什么有趣的物理过程，也许有趣到足以让一些奇异的生命形式融合并存在？我们不知道。

我之前说过，中微子在我们对物质和自然力的基本理解的每一项新发展中都扮演了重要的角色，但你会注意到，它们似乎没有在最近有关基础物理学仍旧存在的奥秘的故事中发挥作用。现在轮到它们在这个故事中出场了。

到目前为止描述的所有超越标准模型的物理现象都只有间接证据，包括级列问题、宇宙重子不对称和大统一。而迄今为止，标准模型不完备的唯一直接证据就来自对中微子的测量。

在标准模型中，中微子没有质量。它们都是左手性的，也就是说，它们的自旋角动量指向与运动相反的方向。但是大质量粒子的运动速度一定低于光速。因此，一个人如果移动得足够快，就可以赶上粒子并超越它们。但如果一个人这么做了，在他的运动坐标系中，中微子就会朝着另一个方向向后运动。但它的自旋角动量的方向不会改变，于是左手性粒子就会变成右手性粒子。因此，有质量的粒子一定同时存在左手态和右手态。

20 世纪六七十年代，粒子物理学和天体物理学中最令人沮丧的未解难题之一被称为太阳中微子问题。对太阳的详细观测，加上 20 世纪 40 年代发展起来的核物理学，已经解决了 20 世纪初最大的科学难题之一：太阳为什么会发光。核聚变的发现不仅带来了地球上新型大规模杀伤性武器的发展，还让物理学家得以发现并计算为太阳提供能量的过程，这种过程还将持续为太阳供能至少 50 亿年。

质子，也就是氢原子核，转化为氦原子核所释放的能量，大约是能量最高的化学反应的 2 000 万倍。我们知道太阳的能量输出，因此可以逆向计算出太阳核心的核反应速率。不过，我们无法用望远镜直接探测这些反应，因为没有望远镜能窥视太阳内部。前面说过，从太阳表面发射的光子花了将近100万年才从太阳内部逃逸出来，它们与太阳内部的原子碰撞，随机地四处弹射，因此也无法提供任何直接的探测机会。不过幸运的是，还存在中微子这种形式的“探针”。

中微子是从为太阳内部供能的一些核反应中发射出来的，由于中微子的相互作用太弱了，它们可以在几秒钟内毫发无损地逃离太阳。每一天的每一秒，都有超过十万亿个来自太阳的中微子在你毫不知情的情况下撞击并穿过你的身体。

1965年，一位名叫雷·戴维斯（Ray Davis）的化学家勇敢地（或者说鲁莽地，取决于你的看法了）最早认真估计了来自太阳的中微子通量，他想看看能否制造出一台探测器来探测它们。他在美国南达科他州的一处矿井中，在地下将近一英里深的地方建造了一台容积为10万加仑[①]的探测器，其中装满了纯净液体。根据计算，在穿过他的探测器的无数中微子中，每天约有一个中微子会与一个氯原子的原子核相撞，将它变成氩原子的原子核。值得注意的是，戴维斯认为他每个月可以检测到在10万加仑全氯乙烯中产生的30个氩原子。

令物理学界大吃一惊的是，实验成功了。但问题随之而来。在接下来20年间，戴维斯持续探测到的中微子数量，仅为标准

① 1美式加仑≈3.8升。——编者注

太阳模型预测的30%左右。

这是一项相当艰巨的实验，许多物理学家推测，也许这项实验对中微子的探测根本无法达到宣称的精度。其他物理学家则认为天体物理学靠不住，他们认为，太阳模型的计算很可能是错的。毕竟，太阳内部不仅极热，也复杂得要命。

我和我的学生及同事花了很多年时间，试图找出太阳模型中的错误是否可以解释戴维斯的结果，同时又与其他天体物理数据依旧吻合，但事实证明这很难。其他研究团队也证实了这一结果。

那么，也许问题不在太阳，也不在戴维斯的探测器上，而在于中微子。只要中微子没有质量，戴维斯的探测器就一定能探测到预测的中微子通量。但如果中微子有质量，哪怕是非常小的质量——尤其是非常小的质量——那么在其他基本粒子系统中观测到的现象就可能在中微子身上出现，那就是不同类型中微子之间的振荡。

即使只是两种不同类型的中微子具有不同的质量，电子中微子（核反应中发射的中微子）在从太阳到地球的途中就有可能转换成它们的亲戚μ子中微子。由于戴维斯的探测器只能探测到电子中微子在氯中引起的核反应，因此探测器自然就会探测到少了一些中微子。

我不确定我们中有多少人真的相信这种情况，但成千上万篇物理论文（包括我和我的合作者发表的至少6篇）都讨论到了这种可能性。我和同事谢尔登·格拉肖甚至以鲁德亚德·吉卜林的《原来如此的故事》命名了一种振荡，叫作“原来如此振荡”——在这种振荡中，中微子的质量“原来如此”，正好使其在太阳和地球之间发生一次振荡。

证明中微子振荡的可能性的方法是建造一台中微子探测器，它能探测到所有类型的中微子，而不仅是一种。这样一台使用重水的探测器被称为萨德伯里中微子天文台（SNO），建于加拿大萨德伯里的一处矿井中。果然，2001 年，SNO 报告了结果：所有中微子类型的通量与太阳模型的预测一致。电子中微子发生了振荡。中微子有质量。宇宙射线与大气碰撞产生的大气中微子的进一步结果表明，不仅电子中微子振荡成了μ子中微子，μ子中微子也振荡成了τ子中微子。所有类型的中微子似乎都有质量。

这些都是真正意义深远的结果，不仅是对天体物理学的意义，还因为这仍然是唯一一种无法被纳入标准模型框架的直接物理结果。中微子有质量就意味着，右手性的中微子一定存在。这暗示了两种可能性中必然有一种成立：要么中微子就是自身的反粒子，所以左手性的中微子和右手性的反中微子只是同一粒子的不同宇称态，要么存在新的奇异右手性中微子态，根据标准模型，它们根本不与任何普通物质的粒子发生相互作用。这两种可能性都暗示着激动人心的新的物理学理论。

当你看到不与普通物质发生相互作用的新粒子时，一些人可能会想起暗物质，在很长一段时间里，中微子似乎是占据星系主要质量的暗物质的首要候选者。但不幸的是，现有的质量限制排除了这种可能。

而除此之外，中微子存在质量对大统一以及产生观测到的宇宙重子不对称的机制都具有重要的意义。

一段时间以来，物理学家一直对中微子的质量感到好奇，随之而来的一个大问题是：如果中微子确实有质量，为什么它们的质量如此之小？即使在20世纪80年代，对中微子质量的限制就达到，它们的质量最多只有次轻的粒子——电子——质量的五十万分之一。

答案是一种被称为跷跷板的机制。如果新的右手性中微子态具有相当大的质量，与大统一尺度相对应，那么它们的左手性对应态自然具有极小的质量，刚好落在产生可能解释太阳中微子问题的中微子振荡的范围内。

所以，在大统一尺度下存在新物理学理论的最有力的直接证据或许也来自中微子。但将右手性和左手性的中微子分离到不同的质量尺度上还有另一个好处：这暗示着中微子一定是它们自身的反粒子——也被称为马约拉纳粒子。但由于中微子是轻子，反中微子是反轻子，确定轻子和反轻子意味着中微子质量将违背通常区分粒子和反粒子的那种物理对称。

这可以解决物质–反物质不对称的问题，具体是这样的：虽然高温下的弱相互作用的物理学可以抹去早期宇宙中最初产生的任何重子–反重子不对称，但它无法消除可能存在的轻子–反轻子不对称。如果这样一种不对称在早期就产生了，它就可以通过中微子的奇异的新型相互作用，转化为随后的重子不对称。对于许多物理学家而言，这些轻子发生的场景现在代表了一种最现实的可能性，能解释为什么我们最终生活在一个由物质而不是反物质构成的宇宙中。

轻子发生如此吸引人背后还有一个理由。如果三代中微子都有质量，那么除了在标准模型的其他地方观察到的，中微子的质量还可能提供一种CP破坏的新来源。事实上，这部分的CP破坏可能大得多，而且与现有的实验约束并不矛盾。至少有一项现有的实验声称有证据证明这种CP破坏，但结果依然存在争议。为了探索这种可能性，两项新的大型实验正在进行，一项在美国，另一项在日本。

从统一已知的自然力，到解释我们为什么生活在一个物质宇宙中，中微子会成为解开标准模型诸多谜团的关键吗？我们还不知道。敬请期待。

在自然基本尺度上物质的所有神秘特征中，大概没有比决定支配物质行为规则的理论更奇怪的了。我指的是量子力学。要写自然中已知的未知，就不可能不触及这样一个事实：支配物理宇宙核心的规则很疯狂。

然而，就像不可能脱离进化的语境讨论生物学一样，我们也不可能脱离量子力学的背景描述现代世界。从我打字用的电脑，到我越来越依赖的智能手机的机制，甚至是控制我汽车功能的电子设备，它是支配现代科技一切事物的基础。

讨论量子力学的所有微妙之处要写一整本书。不过，可以更简洁地概括出我们量子宇宙的各种关键特征：

1. 量子物体可以同时以多种不同的态存在。对我来说，现实的量子图景与经典图景之间的关键区别在于受量子力学支配的系统的位形。从经典角度来看，如果我抛一个球，它会沿着牛顿定律确定的轨迹运行。如果阴极射线管发射出许多电子，它们的平均轨迹会与球的轨迹很相似，但我们完全无法事先确定每个电子的具体轨迹。事实上，在测量之前谈论轨迹根本毫无意义。这是因为，电子的行为就好像它同时在沿许多条轨迹运行。但凡想要尝试证明电子在被直接测量之前实际上走了某一条特定的轨迹，最终都会发现，没有任何一条轨迹与数据一致。在我看来，理查德·费曼在他的量子力学“路径积分”表述中提出的这种观点，最简洁地抓住了量子理论的核心。

2. 量子力学的基本量是一个物体的波函数，简单来说，它可以精确预测在任何时候测量到物体处于任何一种测量时允许出现的状态的概率。在许多有关量子力学的错误说法中，其中一种就是，量子力学不是决定论的。这不对。量子力学基于一个描述波函数的沿时间演化的方程，这意味着，我们如果指定了某个波函数在某个初始时间的值，就能精确地确定它在随后所有时间的值，至少理论上如此。定义得更精确的波函数，给出了发现系统处于某种态的概率幅（一个复数）。波函数的平方给出了测量系统处于其多种可能允许出现的态中的每一种的概率（介于0和1之间的实数）。量子力学精确地确定了这些概率。同样，量子力学也告诉我们，只有这些预测概率才能与实验进行比较。系统的初始状态永远无法被准确确定，因为系统可能同时处于一系列多种态之中，这种现象被称为叠加。在粒子从A到B的过程中，只要我们不在两点之间进行测量，粒子就可以沿着许多不同的轨迹运动，叠加就是对这一事实的另一种描述。

3. 测量系统属性的顺序，可以决定所测量的属性。换句话说，对某些性质而言，比如一个粒子的动量和位置，颠倒测量它们的顺序，会得到不同于原先测量的结果。这就是大名鼎鼎的海森堡不确定性原理，例子包括，人们无法同时百分之百精确测量量子物体的位置和动量，也无法精确测量在给定时间内它的能量值。

4. 由多个不同物体组成的系统，一旦处于某种固定的量子态，只要系统不受干扰，即使这些物体彼此分开，相干关联也仍旧会继续让它们保持联系。因此，对一个物体进行测量可以立即限制另一个物体允许的量子态。这种现象被称为纠缠，也就是令爱因斯坦深感困惑的“幽灵般的超距作用”。

5. 当量子力学与相对论相结合时，事情就变得更疯狂了，前文中已经有所描述。量子系统始终在涨落，有时相当剧烈。相对论量子力学告诉我们，即使是空的空间也不是空的。粒子和反粒子可以自发出现和消失，量子力学告诉我们，它发生的时间尺度短到我们根本无法探测到实粒子。我们考虑的一切系统演化的时间越短，可能出现的涨落就越剧烈，出现在原本看似真空中的虚粒子的可能能量和质量也就越高。

这 5 个事实囊括了量子理论的大部分怪异之处。它们暗示着，我们大多数人认为理所当然的合理的经典现实，其实只是一种幻觉。自从量子力学最早被提出用来解释原子系统的行为及其与辐射的相互作用以来，从爱因斯坦起的物理学家就一直认为，虽然量子力学的数学显然提供了关于世界如何运转的正确预测——事实上，这是迄今为止对自然的最精确预测——但量子力学似乎太疯狂了，疯狂到不可能是绝对真实的。

当然，一定存在某种潜在的现实，其中系统的行为是合理的，比如被测量的具有某种特性的物体，在测量之前一定具有这种特性，而量子力学是一种给出了正确答案，却隐藏了潜在真相的演生理论。预测与测量相关的概率只是缺乏对这种基本事实的了解的借口。电子不可能真的同时向各个方向自旋。我房间里的光子在到达我的眼睛之前绕月亮转了两圈的可能性，无论有多小也不可能真的存在。就算薛定谔的猫足够小，它在我打开盒子观察之前，也不可能真的既死又活。

很多人在接受和理解量子力学方面存在问题，一部分原因在于误解，对不存在的内在随机性产生了误解，或者误解了测量的本质，而测量是一个微妙而复杂的问题，当人们把测量的系统视为经典系统，而把被研究的系统当作量子系统时，就会出现看似毫无意义的结论。唉，量子力学带来了一些江湖郎中和骗子，他们荒谬地宣称测量与意识有关，外部现象会像实际测量那样受到意识的影响，因此，想要外部宇宙以某种方式运行，就会让它真的以这种方式运行。

如今，在尝试解释测量时量子的怪异行径如何随着系统达到宏观大小而转变为经典意义的方面已经取得了很大进展。与此同时，无论在实验上还是理论上，所有试图回避量子力学疯狂特性的尝试均以失败告终。

特别是，现在已经有了令人信服的证据表明，任何认为中间的未测量系统实际上表现出某种经典行为，也就是它们一定存在于某种特定的态，而不是在你测量之前可能存在许多不同态的叠加的理论，都已经被排除了。

这方面最有说服力的论证通常归功于已故的物理学家约翰·贝尔（John Bell），他对这些问题进行了深入思考，并提出了一些实验检验，这些检验都基于这样一种观点，即某些隐藏的经典理论可能与量子力学一致。一群（现在已经拿到诺贝尔物理学奖的）有能力的实验学家随后着手实验，验证了量子力学的预测，并且明显排除了量子力学背后存在经典现实的可能性。

据我所知，关于这一点最有说服力的证明是，贝尔的论证在不同背景中得到了精妙的重构，首先由物理学家丹尼尔·格林伯格（Daniel Greenberger）、迈克尔·霍恩（Michael Horne）和阿布纳·西莫尼（Abner Shimony）完成，然后由戴维·默明（David Mermin）加以完善，再由我所认识的最聪明机敏的物理学家之一、我在哈佛大学已故的同事悉尼·科尔曼（Sidney Coleman）重新包装。科尔曼发表了题为《量子力学就在你眼前》的演讲，你可以在网上找到它。想要完全理解演讲内容需要一定的物理知识。马丁·格雷特（Martin Greiter）记录下了这次演讲并将其制作成了论文，可以在物理学论文预印本网站arXiv.

org上查阅。

科尔曼描述的例子简单却极具说服力。想象一下，某个中心站向三家相距甚远的实验室发出某个信号，这些实验室同时接收到了它，因此，一家实验室的测量结果不可能对其他实验室的结果产生经典因果影响。

每家实验室（分别记为一号、二号或三号）都有一台一模一样的探测器，探测器有A和B两种设置。如果设置为A，它就测量一个性质，结果记作+1或–1。如果设置为B，就测量另一个性质，还是记作+1或–1。观测者不知道探测器具体测量的是什么，也不清楚传来的是什么信息。上一段描述的条件意味着，从经典角度上来说，无论一位观测者测量的是A还是B，结果都不会受到其他观测者的测量结果的影响。

此外，从经典角度思考，观测者可以假设，如果他们测量了B，那A的值就和他们选择测量A时完全一样。

多次测量之后，观测者发现，每当一位观测者测量A，另外两位观测者测量B，他们测量结果的乘积都是+1。次次如此。单个测量值并不一定都是+1，但三个值的乘积都是+1。现在，由于无论B本身是+1还是–1，$B \times B$都是+1，实验者通过经典角度的推理得出结论：在这些情况下（假设实验者随机独立地选择测量A或B，大约是3/8的情况下），A一定是+1。他们接着考虑测量一个A和两个B之外的情况。由于观察结果是独立的，不会相互影响，因此他们再次以经典角度推理出，如果他们只测量了一个A，乘积就一定是+1，因此在这种情况下，那个特定的A值也一定是+1。由于这与在一号、二号还是三号位置测量A无关，他们得出结论，如果这三台探测器都测量属性A，结果一定是+1。

但现在假设中心站发出的是三个自旋1/2的粒子，每台探测器接收一个。我们还假设，这三个粒子最初都处在一种特定的量子态，这种量子态是三个粒子自旋向上的态减去三个粒子都自旋向下的态的线性叠加。最后，我们假设A是x方向上粒子自旋的测量，B是y方向上粒子的测量。那么量子力学告诉我们，乘积$A_1A_2A_3$将永远等于–1。（证明这一点所需的数学知识相对简单，详细可参考科尔曼的演讲。）

很难找到经典现实与量子现实之间比这更大的分歧了。乘积要么是+1，要么是–1，你可以猜猜实验告诉了我们什么。观测者犯的经典错误是假定存在某一种客观现实，在这种客观现实中，每个粒子都处于一种明确的特定态，与其他遥远的粒子无关，也与你进行或者不进行什么测量无关。

在观测到量子理论所预言的这种疯狂的结果后，坚持经典思维的实验者可能会说，不同实验之间一定存在某种比光更快的通信，所以一家实验室的测量结果才不知怎地受到另一家实验室结果的影响。但这只是经典思维的情况。从量子力学的角度来看，不需要任何超光速通信。一旦确定了初始状态，最终结果也就确定了。

在许多物理学家和一些哲学家试图理解量子力学的方式中，暗示了一个始终存在的语义问题，科尔曼揭示了这个问题。人们谈论“量子力学的诠释”，有些人甚至为此著书立说。但科尔曼也强调，这本末倒置了。世界并不是经典的，因此任何经典解释都是一种篡改，是一种近似，系统实际的量子行为被近似替代为一些奇怪的经典行为。科尔曼随后指出，我们不应该讨论量子力学的诠释，而应该讨论经典力学的诠释。

量子力学囊括并取代了经典力学。在量子效应消失的极限上，量子力学产生的结果与经典力学无异，就像广义相对论在引力场较弱时简化成了牛顿万有引力一样。但是，没人会想广义相对论对强弯曲的空间行为的预言可以用牛顿的平直空间图景来合理描述。为什么人们坚持对量子力学这么做呢？这可能是因为，广义相对论虽然违背了我们的直接经验，但并不违背经典逻辑和推理。而量子力学却违背了这一点，这似乎是一种冒犯，即使物理学家也无法原谅。

你可能以为科尔曼–默明–格林伯格–霍恩–西莫尼对贝尔最初论点的扩展已经解决了这个问题：喜欢也好，不喜欢也罢，这个世界就是量子力学的。但并非如此。一些值得尊敬的物理学家仍在质疑，量子世界的真实性是否只是一种幻觉，这么想的不只是值得尊敬的物理学家，还包括一些世界上最伟大的理论物理学家。赫拉德·特霍夫特和史蒂文·温伯格都是标准模型的创造者，他们都曾探索过量子力学的替代方案。温伯格探索的替代方案行不通，他放弃了。而特霍夫特仍旧坚信他能找到替代方案，而且他过去的成绩还不错。

因此，物理世界最后一个已知的未知，或许也是最深奥的一个，就是这个问题：世界在其最基本层面上是否受量子力学的支配？答案最终将影响我在这本书前面描述的那些悬而未决的谜团。寻找量子引力理论的努力是不是从方向上就错了？也许应该被淘汰的理论不是广义相对论，而是量子力学。

如果量子力学在最小尺度上会被某种更基本的动力学理论取代，那么黑洞坍缩的最后阶段、黑洞蒸发、大爆炸表面上的奇点，还有宇宙的量子创世的课题，都将经历颠覆性的改变。

我在《无中生有的宇宙》中写道，无中生有的宇宙量子创世是意料之中的事，而且如果这样一个宇宙能存在138亿年，它的特性将不可避免地与我们生活的这个宇宙的特性很相似。但我在书中也承认（虽然似乎很少有评论家读到这里），没有空间、没有时间、没有粒子、没有辐射的宇宙可能并不完全是空无一物的。那么物理定律呢？它们先于我们的宇宙就存在了吗？（我要再次强调，在这里语言无法满足我们的表达需求，因为如果时间不存在，那么“之前”和“先于”就没有意义了。）

关于暴胀或者多元宇宙的关键之处在于，我们今天测量的大多物理定律，可能与周围环境有关。换句话说，它们可能因宇宙而异，没有真正的基本意义。因此，我们测量到的标准模型、三代基本粒子以及所有这一切，可能只是一个幸运的意外。

但所有这些图景，只有在以量子力学为基础的量子现实的背景下才有意义，至少在数学上是如此。我在《无中生有的宇宙》中推测量子力学是不是在我们的宇宙出现时就已经存在了，但坦率地说，我真不知道那意味着什么，现在也依然不知道，至少没法从数学的角度定义这种可能性。

幸运的是，自然并不在乎我们能理解什么，也不在乎我们现在能定义什么。尽管我们的量子现实可能既奇妙又疯狂，尽管现在几乎所有物理学家都可能会打赌这就是我们宇宙真正运行的方式——或许也是所有宇宙运行的方式——但我们不得不承认，我们真的不知道。不过，我希望通过前面几章阐释的是，我们可以有把握地说，自然的想象力远胜于人类的想象力，因此，除非我们不停探索，让实验推动我们的理解，否则已知的未知永远也不会变。

第 4 章

生命

什么是生命?

生命是如何起源的?

DNA 生命是独一无二的吗?

我们是孤独的吗?

生命的未来在何方?

一切都已明白，就是不知如何生活。

——让-保罗·萨特

生活中没有什么可怕的东西，只有需要理解的东西。现在是时候了解更多了，这样我们就可以减少恐惧。

——玛丽·居里

生命是一连串自发的自然变化。逆流而动只会徒增伤悲。接受现实，万物自然遵循着规律发展。[①]

——老子

事实就是你不知道明天会发生什么。生活是一场疯狂的旅程，没有什么是确定的。

——埃米纳姆（Eminem）

敢于浪费哪怕一个钟头时间的人，还不懂得珍惜生命的全部价值。

——查尔斯·达尔文

---

① 此处为直译。原文是一句在英语国家流传甚广的“老子名言”，但实际并非出自老子，在《道德经》等文献中均不存在对应的中文，具体出处不明。——译者注

死寂的宇宙是如何变得生机勃勃的？这个问题曾是战争的起因，也是艺术家、画家、作家，当然还有科学家的灵感来源。

和任何其他可观测的物理现象相比，生命似乎更像个奇迹。对许多人而言，也许对当今世界上大多数活着的人来说，生命仍是个奇迹。但科学的核心是假定自然的效应有自然原因。我们如果接受生命受制于物理定律的事实，就不得不从神圣走向世俗，或者至少走向自然。

在试图探讨宇宙中已知的未知时，如果不说起对大多数人而言最令人敬畏的两个自然之谜——生命和意识，那我们的讨论未免就太不完整了。因此，它们就是这本书最后两章的内容。

虽然这两个领域通常属于生物科学的范畴，但自然并没有按照 19 世纪的学科分野划分出界限。生物学的定律由化学定律决定，而化学定律又取决于物理学定律。任何对生命的基本理解，最终也会反映这些定律的运作。

这则事实启发了 20 世纪一些杰出的物理学家思考生命的本质和起源问题，以及生命在宇宙中可能的稳健性。量子力学之父埃尔温·薛定谔在 1946 年撰写了一本颇具影响力的书《生命是什么？》。这本书启发了一位本打算成为鸟类学家的年轻学生转而进入了遗传学领域。这位名叫詹姆斯·沃森的学生后来发现了DNA（脱氧核糖核酸）的双螺旋结构的特性，这是生命遗传密码的基础。（他的科学合作者弗朗西斯·克里克则接受了物理学家的训练。）

人们后来发现，薛定谔其实受到了马克斯·德尔布吕克（Max Delbrück）的影响，这位物理学家曾在基础物理学相互作用的方面进行了开创性的研究，但后来将研究重点转向了遗传学。1935年，他在分子遗传学方面的研究成果对薛定谔产生了重大影响。让德尔布吕克获得诺贝尔生理学或医学奖的有关细菌和病毒的研究，是在他仍在担任物理学领域的教职时完成的。直到1947年，他才成了一名生物学教授。

21世纪，解决与生命的本质和起源有关的基本奥秘所需的工具，很可能再次出现在物理学实验室中，甚至出现在天体物理系。这些问题太重要、太基本了，不会仅仅局限在一个科学领域中。

让我们先来思考薛定谔的问题：

生命是什么？

虽然要判断一样东西是不是活的似乎显而易见，但仔细一想，生命的定义就变得相当模棱两可了。归根结底，正如斯图尔德大法官在谈到色情制品时所说，人们似乎只能说，“我看到它的时候就知道它是那个东西”。

举个例子，有人可能会提出这样的定义：生命系统以繁衍为目的，有内部的新陈代谢，从环境中汲取能量，储存能量，并消耗这些能量用以生长和繁衍。

好的，那火有生命吗？

它符合所有这些条件。森林火灾从环境中汲取能量。它能繁衍，甚至在某种程度上以繁衍为目的，具体取决于火的性质和有多少可燃物。它当然有新陈代谢，消耗能量来生长和繁衍。

但我相信没人会说火是活的，所以我们需要更好的定义。以下是维基百科上给出的定义：生物，或者说是生命的单个实体，通常被认为是能维持稳态的开放系统，由细胞组成，具有生命周期，进行新陈代谢，能够生长、适应环境、对刺激做出反应，并进行繁殖和进化。

这套定义无疑更加完整，也更严密地涵盖了生物的特征。稳态是指维持生物平衡的需要，由法国生理学家克劳德·伯纳德（Claude Bernard）于1849年首次提出。1920年，沃尔特·布拉德福德·坎农（Walter Bradford Cannon）创造了“稳态”这个术语来描述这一生物性的需求。

或许稳态的要求排除了火，因为火没有用于维持静态平衡的调节反馈回路。尽管如此，把生命，至少是会呼吸的生命，看成受控燃烧也相当合理。地球的一个惊人的方面是，在地球历史早期并不存在自由氧。这很幸运，因为氧化过程会释放能量，就像大多数燃烧需要氧一样。如果原始大气中存在氧，许多生命的原材料就会迅速氧化，释放出宝贵的储存能量，而这些能量正是如今支持我们星球的生命开始、进化和成长必不可少的东西。

生命介于氧化和着火之间。与这两者不同的是，它通过调节能量摄入来维持稳态，而稳态对于生存和最终的繁衍都至关重要。

但说到繁衍，它是必要的吗？那像在过去几年间掌控了我们所有生活的新冠病毒这样的病毒呢？像新冠病毒这样的病毒无法独立繁衍，它们需要劫持其他活细胞的基因机器才能完成繁衍。

虽然根据更早的定义，它们不符合生命的所有条件，但在我看来，病毒绝对是活的。它们的策略要求它们搭上其他生物，但它们已经将繁衍所必需的复杂的生化机制“焊”在其他生物的环境中。此外，我可不想说我戴口罩和注射疫苗是为了保护自己免受一种无生命的物体的伤害。所以，我认为病毒应该就是活的。但我也认为冥王星是一颗行星……[①]

生物也好，非生物也罢，病毒都很有可能帮助生命进化出了现在的形式。有些病毒对宿主不会产生有害的作用，在这种情况下，我们可以把它们看作共生者。最终，它们的生化特征可能会被纳入更复杂的细胞中，让生命系统得以扩展它们的能力。

也许这种合并最著名的形式就是线粒体。线粒体是现代活细胞的一部分，控制着呼吸作用中氧的摄入和处理。正如林恩·马古利斯（Lynn Margulis）和其他一些人最初假设的那样，线粒体很可能是融入其他细胞的自主生物，增强了这些细胞处理

---

① 2006年，国际天文学联合会将冥王星从太阳系行星的行列中除名，因其不满足该学会提出的行星标准中的第三个条件，即“已清除其轨道附近区域的物质”。——编者注

能量的能力（呼吸作用处理电子释放的能量可以达到光合作用的35倍还要多）。

对《星际迷航》的粉丝来说，这和博格集合体更复杂的同化没什么不同。博格是一个先进文明，它征服了其他文明，并将那些文明中最优秀的特征化为己用，融入自身的生物学和技术中。第一个吞噬线粒体的真核细胞还没能力说出“抵抗是徒劳的”[①]，但那可能的确是徒劳的。

定义很有用，但并不是科学的核心（但不幸的是，小学科学课给人的印象往往相反）。科学讲究过程，重视对动力学的理解——这就是我想重点关注的。虽然对地球上各种生命进化的研究是一个丰富而令人兴奋的领域，有自己的难题，但这并不是关于生命最主要的悬而未决的问题所在。最大的未解之谜仍然没有答案：生命最初是如何开始的？地球上的生命是独一无二的吗？所有生命都像地球上的生命这样吗？这些是我想在这里讨论的问题。

任何认真思考生命起源问题的人首先想到的都是，即使是我们如今看到的最简单的生命形式，也是极其复杂的生化机器。显然，一个毫无生气的世界不可能一步登天成为一个生机勃勃的世界。

有些人拒绝接受生命自然形成的可能，想要一种超自然的

① 这句话是《星际迷航》中博格人的著名口头禅。——译者注

解释，他们指出，这种复杂性正是自然机制不足以解释生命出现的证据。他们在威廉·佩利（William Paley）等人提出的更现代的论据的基础上表示，RNA（核糖核酸）或DNA通过自然进化产生的说法，就像期待龙卷风吹过一片垃圾场，结果却留下了一架毫发无伤的波音747飞机。

这种观点的问题在于，就像进化一样，生命的起源可能不是一个完全随机的过程。化学定律有赖于熵和焓这两个物理概念之间微妙的相互作用，熵大概是指封闭系统变得更加无序的趋势，而焓大致是指让系统能在某种温度下做功的存储能量。化学反应是受外界条件驱使而向特定方向发展的。

一个很好的例子就是扩散的简单过程，薛定谔在《生命是什么？》中也讨论过。局部看似随机的过程在总体上却产生了一定的方向性。一滴墨水在水中会向外扩散，不可避免地让液体的颜色变得均匀。而情况永远不会反方向发生。

研究表明，在某些外部条件下，基本有机非生命系统在热力学和化学上更倾向于形成更复杂的分子，与我们在通常条件下经历的恰好相反。

这把我们带回了反对地球生命自然进化的观点上，这个观点太常被提出了，尤其是被拥护《圣经》的教徒提出，甚至连薛定谔都觉得有必要在他的书中直接提出这个问题。热力学第二定律似乎认为，有序不可避免地会变成无序，而生命就是无序中产生有序的一个例子。我经常收到一些人的电子邮件，他们提出这一点，有种“抓住了你的小辫子”的感觉，希望击溃我们这些认为不需要超自然力量介入生命起源的人。

但第二定律实际上并没有这么说。它说的是，在封闭系统中，也就是不与周围环境交换热和能量的系统中，一个足够大的系统的熵（也就是无序性）不会随着时间的推移而降低。它在绝热过程中可以保持恒定，也可以增加。但对开放系统来说这一点就不成立了，开放系统就是与周围环境交换热和能量，有时也会交换粒子的系统。对这样的系统而言，局域有序性可能以牺牲环境为代价而增加。这通常表现为使周围环境升温。

当然，这正是生命身上发生的事情，生命的存在依赖于从周围环境中汲取能量。作为回报，生命会回馈热量，以及其他一些废料。我们每个人在静止时都是一台 80 瓦的加热器。如果你想见识一下整体效果，就去一家拥挤的电影院吧。你刚到的时候可能觉得有些冷，但等你和其他人离开的时候就不会这么觉得了。

这种局域有序化并不是生命所独有的，事实上它无处不在，我常常惊讶于人们在讨论生命时似乎忽略了它。我写到这里的时候正值加拿大的冬季，最明显的一个例子就是雪花。在放大镜或者显微镜下观察，雪花就是自然隐藏秩序的优美体现。它就是带极性的水分子的电磁相互作用在快速冷却下形成的神奇对称物体。它们看起来就像圣诞装饰，不了解的话，会以为它们是由艺术大师精心设计的。但雪花的形成来自自然过程，当温度快速下降时，冰晶弛豫到能量最低的构象，在这个过程中向周围释热，能量被释放了出来。

不过，你不用等到下雪时就会明白我的意思，只要在一个阳光明媚的日子里仰望天空就行。太阳是一个光芒万丈的美丽球体。它之所以能够对抗极强的引力坍缩，持续存在50亿年，是因为它向太空中释放了大量热，由此得以继续保持有序的球形形态，尽管它的核心存在着与核燃烧有关的混乱而剧烈的过程。太阳以此提供了源源不断的能量，让生命能在局域抵御全域无序的趋势。

虽然生命从非生命进化而来并不违反任何物理定律，但还是存在一些重大的挑战。回到我之前说的，即使是已经发现的最简单的生命形式，其复杂程度也令人难以置信。无法想象这些复杂系统是完全自发形成了目前的形式的，一定存在前体。

我们如何应对生命起源的挑战，正取决于你认为生命进化需要哪些基本前体。

你可能还记得，希腊人想象出了4种基本物质，分别是气、土、火和水。成百上千年来，关于哪一种可能是真正的原始物质，也就是其他物质的基础，人们争论不休。这种反反复复的争论就好像“石头剪刀布”。每当有人提出一种物质，就有人找到很好的论据，说明为什么它会被另一种物质驳倒。

研究生命起源的理论学家之间也出现了类似的争论。有4种与地球上观察到的生命有关的关键组分：确保生命能准确繁衍的信息分子/基因组；新陈代谢的基本构成，通常是一种叫作ATP（腺苷三磷酸）的分子，让生命形式能储存并操纵能量；让生物反应得以进行的蛋白质催化剂；分隔生物活动和环境的区室

/膜。这些都可以被合理地认为是基本组分，不同研究团队也已经探索了不同选择。但与此同时，它们也都相互联系，所以很难想象某种组分在不存在另一种组分的情况下的效用。

这种相互联系指向了另一种方法，它由剑桥大学的约翰·萨瑟兰（John Sutherland）和他的同事最早提出。在反对达尔文进化论的“智慧设计论”支持者宣扬的诸多误解中，有一项就是，各种生物组分的功能随着时间的推移始终保持不变。一种被称为细菌鞭毛的物体（基本上就是一种微型细菌马达）看起来太复杂了，以至于主张在高中科学课上教授智慧设计论的人（包括在奇兹米勒诉多佛学区案[①]中支持被告的人）认为它一定是被设计出来的，也就是说，它不可能是通过自然选择进化而来的。但生物学家指出，鞭毛的关键组分出现在具有不同功能的早期生命形式中，因此鞭毛并不是为了最终目的一蹴而就地产生的，而是经过一系列中间步骤进化而来，各种不同的特征被选择用于不同的功能。类似的论点同样适用于眼睛和视觉系统，它们也是令人困惑的例子，让人疑惑自然选择是如何产生如此精美的最终产物的。

同样，在考虑前生命化学时，认为生物的这4种组分是分别独立产生的，并认为它们每一种的前体一定独立于其他前体而产生，这么想可能是错的。有可能是，中间体带有被抛弃的特征，

① 案件起因是美国宾夕法尼亚州多佛学区教育委员会要求在公立学校教授进化论的科学课程中加入一项声明，提醒学生除了进化论以外还有其他理论存在，包括但不限于智慧设计论。塔米·奇兹米勒（Tammy Kitzmiller）等多位学生家长对此提起了诉讼。——译者注

而这些特征或许在当时具有不同的功能，对这些不同元素的同时发展至关重要。

不同组分之间的相互联系，最初似乎让寻找一种前体的努力变得更复杂了，但实际上它表明，这些不同组分具有共同的中间体。举个例子，制造RNA的生物机器是由蛋白质制成的，但制造蛋白质的生物机器则是由RNA制成的。同样，主要由脂质构成的细胞膜，也含有对新陈代谢至关重要的蛋白质。而新陈代谢是由RNA和蛋白质控制的。

事实上，生命系统和火之间的区别之一便是，生命是可持续的，因为它可以关闭反应。它是“缓慢燃烧”，而不仅仅是燃烧。如果主导生命系统的反应可以自然而轻易地发生，并且不需要蛋白质催化剂辅助，那你就没法关闭它们。它们像火一样不受控，最终就会耗尽所有可用的燃料。

大多生物过程都需要蛋白质催化，但对催化必不可少的蛋白质又是由生物过程合成的，这是种“鸡生蛋还是蛋生鸡”的困境，这样的事实意味着，我们很难分辨产生生命组分的前生命合成是如何在早期地球上轻易发挥作用的。

人们正是在这一领域取得了重大进展，也正是在这里，反直觉的意外发现在过去十多年间推动了领域的发展。在极端或者不寻常的条件下，看似不太可能的反应也会占据优势地位，并且自然地发生。例如，萨瑟兰的研究团队发现，在发生过陨石撞击的极端条件下，以及在有充足紫外线辐射的地方，奇异的化学反应可以利用相同的中间物产生截然不同的生物分子最终产物。他们还发现，在原始河流和湖泊中，流经岩石的有毒溶液可以组合产生一套丰富的有机基本构件。他们探索了暴露在紫外线下的状态如何协助创造最重要的生物代谢循环之一——克雷布斯循环[①]的诸多组分，正是这种循环产生了富含能量的ATP分子。最后，他们还发现了一种具有启发性的途径，通过这种途径，生命诞生之前的合成化学可以利用酶产生相同的最终产物，这代表了生物学的一个新生阶段。

这项研究证明了极端环境利用精密、复杂且非直观的有机化学，可能在生命起源中发挥了关键作用。此外，它还表明，关注一系列广泛的初始物质和初始条件（地质和天文观测证明了这些物质和条件的存在），至少有可能为生命的多种组分从非生命中涌现出来提供一张可能的路线图。

从某种意义上说，这项现代研究可以追溯到1952年开创性的米勒–尤里实验，只不过更为精密而深思熟虑。在当时的研究中，被认为是早期地球大气一部分的气体混合物——水、氨、甲烷和氢——被施以电火花模拟闪电，产生了一种丰富的有机混合物，其中包括许多氨基酸，也就是蛋白质关键的基本构件。虽然现在我们认为早期大气并非由这些成分组成，但该实验启发了人们的认识，那就是，可能存在于恰当环境中的复杂的前体材料，或许会带来一系列令人惊讶的化学反应，产生极其有趣的最终产物。

---

① 也称三羧酸循环，是需氧生物体内普遍存在的代谢途径。——编者注

诺贝尔生理学或医学奖得主、遗传学家杰克·绍斯塔克（Jack Szostak）在过去 10 年左右的时间里，将研究重点转向了生命起源问题。他强调，如果愿意让自然指引研究方向，就会有许多颠覆传统智慧的惊人的化学惊喜。

例如，生物学中最大的谜团之一（这也是促使智慧设计论的狂热爱好者提出没有设计就不可能有生命的原因之一）是这样一个事实，那就是，许多像氨基酸这样的生物分子都有手性，虽然它们通常既能以右手的形式出现，也能以左手的形式出现，生命却只利用了一种手性。生物分子通常是左手性的。[①]在不区分左手性分子和右手性分子的背景环境中，怎么会出现这种情况呢？

这和宇宙的物质–反物质不对称之谜在性质上有一些模糊的相似之处，不过它更容易通过实验理解，而且所在尺度也没那么奇异。

从一系列大小不一的不同手性的晶体入手，人们发现了一个反直觉的现象：具有一种手性的较小晶体可以优先溶解在具有相同左手性和右手性分子的溶液中。因此，另一种手性的成分可以优先被吸积到尚未溶解的较大晶体上。然后随着时间的推移，如果这个过程不断重复，晶体被磨碎，最初的外消旋混合物（左手性和右手性成分均匀的混合物）就可以自然演变成由一种手性主导的固体。

---

① 这里的“生物分子”应该指的是氨基酸和蛋白质。而生物的DNA、RNA及其基本构件都是右手性的，与左手性的氨基酸和蛋白质相匹配。——译者注

这个过程太出人意料了，以至于人们根本不相信，直到结果被无数次复现。从经验上来看，像这样的宇宙过程一定在某个时刻发生过，因为人们发现一些陨石在左手性和右手性氨基酸的丰度上存在明显的各向异性。（也许我应该在前面补充一下，人们在陨石中发现了丰富的氨基酸，所以不需要米勒–尤里的“大气”，非生物过程显然也能制造出它们。）这并不能确切地回答为什么地球上的生命单单利用左手性氨基酸的问题，但它说明了，生命的早期前体是如何在非外消旋的环境中出现的。

另一个惊人的例子发生在寒冷环境中。传统上来讲，为了促进化学反应更快进行，人们会加热样品。但对于核苷酸，也就是可以反应形成核酸类长聚合物（比如DNA）的基本构件，有时反应不会在溶液中发生。但如果样品被冷冻，一段时间过后，聚合物就会形成。这太违反直觉了。但事实证明，当溶液冻结，就会有纯水区域形成，在这些区域的边界上存在高浓度的核苷酸杂质区域。当这些物质浓度极高时，它们被推得太近，以至于在其他情况下不会发生的反应变得能够发生。让这项惊人的结果更有趣的是，可以想见这可能与早期地球上或者太空中的环境有关。

绍斯塔克和同事研究的是类似的非直观环境，在这种环境中，化学动力学可以在热力学上让单个的核糖核苷酸结合在一起，单个核苷酸与一些初始模板耦合，它们一次添加一个，形成了像RNA一样的长分子。（萨瑟兰在实验室中关注的则是一开始如何合成核糖核苷酸。）

细节相当复杂，在这里重复这些细节可能没什么启发性。关键在于，所有这些意想不到的化学过程现在都在奇异环境中开辟了途径，让即将成为我们称之为生命的物质的自然合成有可能发生。40年前，还没人认为这种可能性存在。虽然生命起源的细节仍然是科学界的一大未知问题，但通过一系列缓步发展——在过去50年间还穿插着周期性的巨大飞跃——现在认为这个谜团可能在未来几十年里得到解决并非没有道理。

当然还有很多研究要做，我想起了悉尼·哈里斯（Sidney Harris）的漫画，两位科学家盯着一块黑板，黑板上有一串长长的方程，方程的中心写着“然后奇迹出现了”，一位科学家对另一位说：“我觉得你应该在这里说得更明白一些。”的确，我们还不知道具体细节，但似乎也不需要奇迹出现。

你可能想知道为什么萨瑟兰和绍斯塔克一直关注着RNA。这是因为一项最出乎意料的发现，它最初表明生命起源的问题可能在化学上是可以解决的。这太惊人了，以至于被授予了诺贝尔化学奖。

悉尼·奥尔特曼（Sidney Altman）和托马斯·切赫（Thomas Cech）在20世纪70年代各自独立研究并发现，RNA（这种分子将DNA的遗传密码转录成利用氨基酸制造蛋白质的配方，然后蛋白质提供催化剂，为生命系统的化学供能并提供指引）也是一种可以催化反应的酶，这是思考生命起源的一项开创性发展。

前面说过，大多数为生命供能的化学反应都需要这样的酶催化剂，让生物反应能进行，也能被调控和终止。研究生命起源的研究人员早期面临的一个先有鸡还是先有蛋的问题是，在没有DNA指导RNA在生命系统中构建蛋白质酶的情况下，要如何合成像RNA这样的大分子，并最终合成DNA。当人们认识到RNA不仅能编码遗传信息，还能催化反应时，“RNA世界”的可能性便出现了，它可能是如今由DNA和生物合成蛋白质主导的世界的前身。如果RNA可以从天然的前生命化学反应中产生，它就可能为早期生命提供必不可少的繁衍的遗传基础，以及新陈代谢所需的催化机制，最终进化成以DNA为基础的生命。

因此，虽然地球生命起源是人类最古老、最深刻的问题，对大多数人而言也是涉及我们自身存在的最深刻的科学问题，但我们依然没有答案。尽管如此，我们已经取得的巨大进步表明，得到科学答案是有可能的，而且在实验和理论上都可行。执行纲要是这样的：（1）事实证明，的确存在某些奇异的环境，其中能产生复杂生物分子的有趣的新化学过程，即使在不存在生物的新陈代谢的情况下也在热力学上具有优势；（2）在前生命系统（包括陨石和彗星）中发现了许多生命的基本有机构件，包括氨基酸、氰化物和其他一些关键分子，因此它们可能本就存在于前生命地球上；（3）RNA同时具有基因组和催化功能，这一事实有力地表明，在生物诞生之前，可能有途径来创造复制结构，并催化维持这些系统所必需的关键化学反应，还能引导具有自身新陈代谢的生命系统的最终进化。

几个相关的关键问题依旧悬而未决。为了回答生命如何起源于地球的问题，我们需要了解生命是从哪里起源的。长期以来，人们认为最有可能的选项是深海的水下喷口，那里有大量可用的能量，还有高度还原的化学环境。但我前面介绍过的这些近期的研究证明了紫外线的效用，除此之外，还有像流星撞击这样的可能的极端事件，也能作为关键生物组分的来源。这些都说明，随着新生大陆的出现，溪流和湖泊为复杂生物分子创造了可能的温床，生命可能已经在地球表面或者表面附近开始了。

和许多科学研究一样，这些问题的答案最有可能来自新的实验和观察，这些实验和观察有助于指导研究人员，而它们也很有可能颠覆现在被视作传统观念的东西。

套用薛定谔的一句话（我们后面会看到，他是在另一个语境下说的）：生命是复数未知的单数形式。理解地球生命起源的最大障碍之一或许就是，我们目前只有一种生命的实例，也就是由ATP能量的储存和产生驱动的、以DNA为基础的复制。在不知道还有哪些可能性的情况下，我们很难分辨出哪些具体途径对地球生命的产生是不可或缺的。

为了摆脱这种限制，我们可以向上看，转而解决另一个巨大的未知问题：我们在宇宙中是孤独的吗？

这个问题可以分为两个独立的部分，一是宇宙中其他地方是否存在生命，二是宇宙中其他地方是否存在智慧生命。这两个问题区别很大，对许多普通人来说，第二个问题是他们最感兴趣的。但就科学家而言，第一个问题是我们真正想回答的问题（不仅是因为它是解决第二个问题的先决条件），也是我们在21世纪内可能有能力回答的问题。

自从人类开始用望远镜凝望那颗红色星球起，我们的姊妹行星火星就一直在用希望呼唤我们。早在1719年，意大利天文学家贾科莫·菲利波·马拉尔迪（Giacomo Filippo Maraldi）就注意到这颗行星上季节分明，这一发现在63年后得到了威廉·赫歇尔的证实。在近一个世纪后，法国天文学家伊曼纽尔·利艾（Emmanuel Liais）提出，火星表面年内可见的变化是植被变化造成的，而这造就了一个看似自然的假说的流传，那就是火星上也有生命。

1877年，火星上不仅有生命，还有智慧生命的概念大举进军科学经典。天文学家乔瓦尼·斯基亚帕雷利（Giovanni Schiaparelli）将米兰的一台新型大型折射望远镜对准了火星，发现星球表面有纵横交错的深沟，他称之为“水道”。他绘制的地图与附近的威尼斯惊人地相似。

美国天文学家帕西瓦尔·洛厄尔（Percival Lowell）推广了将“水道”（canali）翻译成“运河”（canal）的这种译法，他于1906年出版的《火星及其运河》（*Mars and Its Canals*）让大众以为，火星文明比地球文明更先进，火星上还有运河系统，能将水从星球的两极输送到干旱的中部平原。

虽然这种对火星表面的错误印象很快就被揭穿了，但火星人的形象在公众的想象中依旧挥之不去，奥逊·威尔斯（Orson Welles）制作了广播剧《世界大战》（根据H. G. 威尔斯所著图书改编，灵感来自1895年洛厄尔关于火星的书），让许多人相信地球正遭到可怕的火星野兽入侵，同时又引起了新一轮对火星人的狂热。

美国国家航空航天局（NASA）的海盗号着陆器登陆之后，又有更现代的火星车带着更先进的相机在火星上四处探索，这些照片展示了火星表面干燥、坑坑洼洼的红色沙漠的景象，让人们对火星人的狂热逐渐消退。

尽管如此，从科幻小说和错误科学的世界迈入现代科学世界，火星也依旧是有机会找到灭绝或者现存生命迹象证据的最令人兴奋的（也是最容易到达的）候选行星。过去有液态水在火星表面流动的证据，有火星表面上或表面之下存在水的大量证据，这些都令人燃起了寻找过去或现在生命存在证据的希望。毕竟水正是地球上的生命之源。

但火星还揭示了其他一些信息，改变了我们对宇宙中其他地方生命的看法。年龄够大的人可能还记得 1996 年 8 月 7 日由时任美国总统比尔·克林顿主持的一次新闻发布会。他介绍了 1984 年在南极洲发现的一块陨石，后来由一组化学家进行了分析：

> 40 多亿年前，这块岩石曾是火星原始地壳的一部分……它在 1.3 万年前的一场流星雨中抵达地球。1984 年，一位美国科学家在美国政府的年度任务中寻找南极洲的流星，他捡回了这块岩石，并把它带去研究。正好，它是那年第一块被捡回的岩石，编号 84001。今天，84001 号岩石

> 跨越数十亿年和数百万英里对我们说话，它说明了生命存在的可能性。这一发现如果得以证实，必然会成为迄今为止科学发现的宇宙中最惊人的见解之一。可想而知它的影响有多么深远，多么令人敬畏。它有希望回答一些我们最古老的问题，但也提出了一些更为根本的问题。

让克林顿变得充满诗意，并召开有关一颗陨石的新闻发布会的原因是，有人声称岩石内部的结构与地球上最古老的生命化石惊人地相似。如果这是真的，那就意味着火星上存在生命的时间与地球上出现生命的时间差不多。

在火星陨石中被认为是化石的东西，现在被认为最有可能是非生物过程造成的：与生物毫无关系的类似结构在地球上也被观察到了。但阿伦山陨石 84001 的传奇故事让我们注意到一个重要的事实。这块所谓的化石并不是在火星上发现的，而是在一颗落在南极洲的火星陨石上发现的。再加上嗜极微生物的发现——嗜极微生物也就是可以在被认为无法生存的环境中生存的地球生命，从沸腾的温泉到酸性水池，再到地下深处的岩石等——还有嵌入岩石中的单细胞生命形式可以在从火星到地球的旅程中幸存的想法，这些都意味着，将火星和地球视为孤立的生态系统可能并不合适。换言之，火星上进化出的生命可能为地球生命提供了种子，又或者，可能性更小但并非不可能的反过来的情况。如果你想知道火星人长什么样子，照镜子看看可能是个办法。

这个问题很严重。我的同事、杰出的地质学家安德鲁·诺尔（Andrew Knoll）是一个探索火星表面生命迹象的科学团队的成员，事实上，他曾告诉我，如果我们在火星上发现了生命存在的证据，无论是现存的生命还是灭绝的，发现我们和它们之间没有亲缘关系，才是最让他意外的事情。

这会带来深远的影响。如果在火星上发现了生命的证据，而我们可以确定这些生命形式是基于DNA的，它们的细胞结构与地球上的一些活细胞相似，我们就无法将它归结为太阳系中第二起独立生命起源事件的证据。

这个问题之所以很重要，是因为如果我们能最终证明在这一个太阳系中出现了两起独立起源事件，那这就暗示着生命在宇宙中无处不在。银河系将充满生命，这反过来也会完全改变对其他地方存在智慧生命的可能性的估计。

也就是说，除非在火星上发现了一种显然非地球形式的新的古老生命，否则我们都可能需要搜寻其他地方，才能解决这个深刻的问题。幸运的是，我们有很多新的地方有待搜寻。我们探索太阳系的宇宙飞船现在已经确凿地证明，寻找生命最令人兴奋的地方可能不在其他行星上，而在这些行星的卫星上。

像木卫二和土卫二这样的冰质卫星如今成了人们相当感兴趣的焦点，因为它们靠近气态巨行星木星和土星（以及其他附近的卫星），从而受到了潮汐摩擦。现在我们已经确定，它们的冰盖之下都存在深海。卡西尼号探测器对土卫二上的间歇泉进行了分析，发现其中含有水、氨、盐和有机化合物。一项前往木卫二的任务正在计划之中，它试图探测厚冰层之下的情况。由于这两颗卫星被冰层覆盖，其下的海洋是真正孤立的环境。任何地表之下存在生命的证据都将有力地证明存在独立的生命起源。

还有其他更奇异的可能性。土星的卫星土卫六表面温度可达零下180摄氏度，有液态乙烷和甲烷河流。很难想象还有比这更不宜居的地方了，但土卫六上活跃的化学过程让一些人认为它可能蕴藏着某些奇异的生命形式。惠更斯号探测器在下落穿过土卫六大气时拍摄了土卫六的图像，继惠更斯号后，NASA还在筹划一个土卫六探测器。

最后，我们另一个近邻金星的地狱般的表面温度超过了450摄氏度，它长期以来被认为是一颗贫瘠的行星。但最近，人们又重新燃起了对金星上可能存在生命的兴趣，这次是在金星上空的云层中。金星云层的密度大到云中的某些区域具有类似地球的压强和温度。虽然最近声称这些云中存在生物分子的证据受到了怀疑，但那个星球上有没有可能存在永久漂浮的生命形式，依然是一个悬而未决的有趣问题。

关于我们太阳系就说到这里。1995年，两组研究团队，分别是日内瓦大学的米歇尔·马约尔（Michel Mayor）和迪迪埃·奎洛兹（Didier Queloz）组成的团队，以及紧接着后来旧金山州立大学的杰夫·马西（Geoff Marcy）和同事保罗·巴特勒（Paul Butler），首次为我们打开了一扇通往银河系其余部分的巨大的新窗口。正如观测者和实验学家经常做的那样，他们测量到了一些我认为几乎不可能的东西。

当地球这样的行星绕太阳公转时，它会轻微地牵拉太阳，导致太阳来回摆动。因为太阳质量是地球质量的 30 万倍，所以这种牵拉非常小，结果是太阳以大约每秒 10 厘米的速度来回移动，和婴儿爬行的速度差不多。

更大、更靠近太阳的行星会产生更大的影响，但在我们的太阳系中，气态巨行星离太阳都很远。正因如此，以下发现才如此令人惊讶：马约尔和奎洛兹首先宣布发现了一颗围绕附近恒星飞马座 51 公转的行星，并在此后不久得到了马西和巴特勒的证实，马西和巴特勒又在两个月后发现了围绕大熊座 47 和室女座 70 公转的行星。这些恒星拥有和木星差不多大的巨行星，有的甚至比木星还大，而这些巨行星围绕恒星公转的距离比水星绕太阳公转的距离还要小得多。例如，第一颗行星飞马座 51b 的质量约为木星的一半（但体积比木星还大 50%），但它绕恒星公转的周期只有差不多 4 天，离恒星的距离只有水星和太阳之间距离的十分之一。

在这些发现之前，人们根据太阳系的观测结果，认为这种现象不可能发生。只有岩质行星才被认为会在如此接近恒星的地方形成并留存下来。当然，在自然向我们证明了这种观点是错误的之后，天体物理学家很快就发现，气态巨行星可以在远离恒星的地方形成，并由于引力扰动而慢慢向内迁移。自从发现飞马座 51b 以来，观测者已经发现了近 1 500 颗围绕恒星公转的气态巨行星，其中最近的一颗的轨道周期仅为 18 个小时！我们的太阳系完全不是典型的，反而可能是一种反常现象。

不过，我们不能马上得出这个结论，因为这些观测结果都有选择效应。发现飞马座51b和其他早期行星的方法是靠测量这些行星对恒星的牵拉，这种牵拉让恒星以大约每秒50米的速度移动。虽然这个速度相当于最快的短跑运动员的5倍，但如果考虑到它对恒星发出的光的影响，这个速度还是很慢。由于多普勒效应，这种运动会让恒星发出的光的频率前后移动。与光速相比，这种运动几乎无法察觉，引起的周期性频率的偏移大约只有千万分之一。

这就是为什么我本以为它无法测量。但和往常一样，我还是低估了观测者的技巧和毅力。然而，当时的光谱仪只能测量每秒几十米的周期性相对速度偏移，这意味着行星搜索只能分辨出巨大的行星对其主星产生的影响。此外，为了将信号从噪声中分离，观测者必须通过许多圈公转测量信号。但如果观测时间最多以年为单位，那么要观测许多圈公转，就只能观测公转周期最多为几天或者几个月的行星。这两个因素意味着，在这些早期研究中，只有靠近恒星公转的巨大的气态巨行星才能被探测到，而这恰恰是当时的观测结果。

随着技术逐步改进，马西和他的团队发现了前100颗系外行星中的70颗，他们已经能分辨出恒星周围存在多颗行星，还发现了第一颗与其恒星的距离和木星与太阳之间距离相当的气态巨行星。

随后，马西与合作者戴维·沙博诺（David Charbonneau）和蒂莫西·布朗（Timothy Brown）开创了另一种技术，这种技术后来发展成了当今发现行星的最有前途的方法。如果幸运的话，行星围绕遥远恒星公转的轨道会把行星带到恒星与地球之间。在这样一次凌星中，行星会遮挡住恒星的一小部分光线，平均不到1%。还是那句话，考虑到其他所有可能导致观测到的恒星亮度变化的因素，我从来没想过可以观测到这种微弱的亮度变化。但只要有足够详细的数据，再加上这种效应的周期性（包括行星在恒星前方时恒星视亮度的减弱，以及行星经过恒星后方之前，当它向地球反射星光时恒星亮度短暂增强），就能发现它。

利用这些早期成果，NASA启动了开普勒任务，利用空间望远镜聚焦银河系的一小片区域，持续监测大约15万颗恒星，寻找亮度的变化。结果相当惊人。迄今为止，该项目已经在许多不同类型的恒星周围观测到了5 000多颗系外行星。观测结果偏向于较小的恒星和较大的行星，部分原因还是选择效应，但目前观测到的恒星周围的最小行星已经缩到了类地行星那么大，而轨道周期则拓展到了一个地球年那么长。

这些结果证实了天体物理学家的一种先验预期，那就是，银河系中几乎每颗恒星周围都可能有一个行星系统，因为在坍缩成恒星的早期阶段，恒星周围类似尘埃的吸积盘会通过碰撞堆积，形成行星系统。然而，除此之外的几乎所有传统观点都已经被颠覆。无论是小恒星周围的行星还是大恒星周围的行星，甚至经历过超新星爆发的坍缩恒星周围的行星，基本上任何没有被物理定律排除的情况都有可能发生，也的确发生了。

一连串行星观测中最令人兴奋的事是，可能有类地行星位于恒星周围所谓的“宜居带”中。宜居带是指恒星周围有足够的星光照射行星，使行星表面可能存在液态水，但星光又不至于太强让水蒸发的区域。现在已经有一大批可能的宜居行星被编目，同样由于选择效应，其中大部分行星都围绕着比我们太阳小得多的恒星公转，这样行星就能存在于离恒星更近的地方，却也仍然不会被恒星的能量淹没而令表面的水蒸发。

即使是太阳系外离我们最近的一颗恒星，也就是距离地球约4光年、质量仅为太阳质量的12%的红矮星半人马座比邻星，似乎也有一个由三四颗行星组成的“太阳系”，其中一颗行星比邻星b位于这颗恒星的宜居带中。

天体生物学家是一批日益壮大的科学家队伍，他们正尝试探索太阳系内和系外生命存在的可能性，但不得不说，他们的科学标准天差地别。这群人可能会对宜居带倍感兴奋，但必须强调的是，一颗行星可能存在于恒星的宜居带，并不意味着它就是宜居的，甚至也不意味着它的表面存在液态水。

首先，地球显然位于太阳的宜居带内，但根据我们对地球的了解，地球上大陆的分布在决定地球表面是否存在液态海洋的问题上起着至关重要的作用。至少在大约6.5亿~7.5亿年前的一段甚至几段时期内，随着大陆在地球表面漂移，整个地球都冻结了，这就是著名的“雪球地球”。因此，即使是地球，其表面也不是一直都有液态水的。

除此之外，恒星宜居带内的许多行星比地球离太阳更近，因为这些恒星（比如半人马座比邻星）比太阳小得多，温度也低得多。但众所周知，这些恒星会定期产生剧烈的耀斑。这种耀斑很容易令附近行星的表面寸草不生。它们还可能被潮汐锁定，也就是行星的一侧会一直朝着恒星，这使得行星两侧的环境都很恶劣。

因此，每当媒体报道另一颗类地行星时，最好还是对在那里发现生命的可能性保持怀疑。

尽管如此，鉴于系外行星数量激增，在太阳系外找到生命证据的概率正逐年增加。而且，我们正飞速地开发可能让我们发现这类证据的工具。随着詹姆斯·韦布空间望远镜（JWST）于2021年圣诞节发射升空，前景将大为改观。

当一颗行星经过它的宿主恒星前面时，地球上的望远镜（或者对JWST来说就是太空中的望远镜）可以观测到穿过行星大气（如果它有大气的话）抵达地球的光。这样一来，观测者就可以尝试观测恒星发出的光如何被大气吸收，还能寻找大气中气体产生的辐射信号。

前一种效应让我们可以探测到与各种化合物有关的光谱吸收线，目前研究者已经通过这种方式观测了数颗系外行星。这类行星中的第一颗叫HD 209458b，它被发现含有钠、氢、碳、氧以及水蒸气。其他行星的大气中还有一氧化碳、二氧化碳和甲烷，甚至还有氧化钛等奇异分子。截至我撰写本书之时，JWST已经在一颗巨型行星上探测到了水和二氧化碳，还有望有更多的发现。

观测构成系外行星大气的不同化合物，将有助于确定这些行星上是否存在类似地球的生命形式。举个例子，我在前面说过，早期地球的大气中不存在自由氧，而我们现在大气中的氧含量是过去40亿年间由生命系统产生的。因此，在遥远行星的大气中探测到氧气，虽然不是生命存在的确凿证据（因为有可能存在其他非生物机制），但也具有强烈暗示性。当然，我们还可以做得更好，研究从甲烷到氧气等一系列更广泛的潜在生物标志物，最终可能会得出更明确的结论，表明地球上的生命并不是独一无二的。

当JWST于2022年完全投入运转时，整个领域都热闹了起来。这台望远镜凭借其硕大的尺寸和红外相机，可以直接分辨高温行星大气发出的光，这是地面望远镜做不到的，因为地球大气会吸收红外辐射。此外，JWST的分辨能力相当高，还搭载了日冕仪阻挡来自宿主恒星的光，从而可以直接拍摄这些遥远的行星。望远镜无法分辨细节，但可以拍摄行星作为反射宿主恒星的光的光点的图像。

JWST已经公开了它的第一批结果。这些结果还没有表明太阳系外存在生命，但在未来十年间，有可能出现这样一项开创性的发现。这是个激动人心的时代。

在这一点上，如果我不提一种令人兴奋的可能性，就是我的疏忽，这种可能性和我参与的一个项目有关，由俄罗斯亿万富翁尤里·米尔纳（Yuri Milner）资助。米尔纳本人资助了许多尖端科学项目，每个项目大约一亿美元，这些项目涉及的新技术风险很大，或者目前还没有获得大量政府资助。这些“突破”项目中就包括了“突破聆听”和“突破摄星”。前者拓展了先前搜寻地外文明计划（SETI）的监听能力，监听和观测100万颗恒星，寻找表明智慧文明存在的人工无线电或者激光信号的迹象。这确实机会渺茫，但如果你有钱的话……

我（还有史蒂芬·霍金等人）曾参与的突破摄星计划让突破聆听看起来成了“小菜一碟”。这项计划的设想是，利用一组强大无比的激光器，将连接在一克重的航天器上的一平方米的光帆加速到光速的20%，让它飞到与地表距离跟月球相当的位置上，然后从这里向半人马座比邻星移动，并在大约20年后掠过半人马座比邻星b，将这颗行星的特写快照传送回来，地球再花4年时间接收这张照片（如果真能接收到的话）。我就不多说技术要求了，这些要求都很吓人，每一项都远远超出目前的技术能力。我在参与这项计划时，觉得这是个值得探索的问题，即使机会渺茫，也不会给公众带来任何损失。但当我离开这个项目时，我觉得它比我最初估计的更像是科幻小说里的东西。不过，如果事实证明我错了，那么至少在我（尚未出生的）孙辈的有生之年，我们可能会近距离看到太阳系外一个潜在的生命世界。

无论我们是否在太阳系或者太阳系以外的其他地方发现生命的迹象——我个人对发现生命迹象非常有信心（正如卡尔·萨根的《接触》中主人公说过的，如果我们在宇宙中是孤独的，那简直太浪费空间了……）——真正最吸引人的是我们会发现什么样的生命。

至少存在三种可能性。

首先，外星生命可能基于与我们在地球上所见的完全相同的化学物质。虽然这似乎有点儿牵强，但我认为也很合理。正如我在这一章中所试图描述的，在热力学和能量因素以及原材料可用性的驱动下，通往生命的道路很可能遵循着一种特定（尽管很罕见的）化学途径。生命的某些方面可能是随机的，比如DNA的4种不同的核苷酸碱基对，因此其他地方的生命使用的DNA分子可能替换了G、A、T或者C。但也可能出于焓或熵的原因，只有这些组合才奏效。同样，其他生命形式中类似RNA的分子也可能编码了不一样的氨基酸。但也一样，其他组合也可能无法产生一系列有效的蛋白质催化剂。其他地方的生命也可能由ATP分子之外的其他东西供能。但还是那句话，或许也没有其他分子能像ATP分子那样易于合成、易于操纵，而且能有效地储存能量。

简而言之，生命可能是在物理和化学的驱动下，完全按照地球上生命所发现的可行且可持续的成分构成的。我认为这种可能性相当大，因此我多次和同事打赌任何新发现的生命形式都类似于地球上所见的生命形式。在我看来，这是一个不会输的选择，因为即使我输了赌注，我也还是赢了，因为那就意味着，宇宙中的生命可能比我们在地球上所见的更有趣、更多样。

这个主题还有一种变体。许多科学家都认为存在这种可能性，但最引起关注的是DNA的发现者之一、杰出的博学家和科学家弗朗西斯·克里克。他格外钟情于被称为有生源说的可能性。人们注意到，地球生命是在物理和化学定律允许的情况下尽快出现的，也就是在地球最初形成后的大约 5 亿年内，并且在能让海洋蒸发，从而杀死生命的小行星和彗星对地球的早期轰击开始减弱之后。也许，生命占领地球的速度如此之快并不是因为在地球上很容易合成基本成分。相反，生命的种子也许始于其他地方。

我们的太阳系毕竟在宇宙意义上相对年轻。地球和太阳大约有 45 亿年的历史，而银河系至少有 120 亿年的历史。即使生命所需的重元素的恒星合成需要几代早期恒星的努力，在太阳系出现生命之前，其他地方也依然有足够的时间诞生像我们这样的生命。启动生命所需的生物大分子或许搭上了星际颗粒的顺风车，在一颗超新星炸毁了遥远恒星周围的一颗行星，或者某种巨大的宇宙撞击发生之后来到了这里。又或者，就像一些科幻作家（还有一些宗教狂热分子，以及一些科学家）乐于想象的那样，生命是由一个先进文明有意播种在这颗星球上的。

尽管这种想法很浪漫，但和很多这类提议一样，它只不过把生命起源问题推迟了。如果地球上的生命是因为其他地方的生命启动而进化的，那么其他地方的生命呢？它也是被播种的吗？最终，推卸责任不得不到此为止，生命的非生物起源必须得到解释。因此，我并没有严肃看待有生源说。

如果我赌输了，那下一种可能性是，我们发现了具有不同规则、不同于RNA和DNA的遗传骨架、不同新陈代谢途径和不同能量来源的有机生命。如果生命足够稳健，允许这类变化发生，那么上述任何一种情况都有可能发生，人们可能会期待在有不同原材料组合的行星或者卫星上存在这种可能性——也许那里碳或者氧比较少，也许硅或者氮更多。众所周知，不同超新星爆发会产生不同比例的重元素。我们的太阳系就是由大约50亿年前的一颗超新星引出的。遥远恒星系统上的生命可能来自不一样的宇宙成分池，如果生命确实在宇宙中无处不在，就可能意味着有许多不同选项可供选择。

最后，至少对我来说最令人兴奋的可能性是和地球生命毫无相似之处的生命，就好像《星际迷航》中石头一样的霍塔。诚然，当我们在宇宙其他地方寻找生命迹象时，我们是在寻找尽可能接近让生命在我们这颗星球上进化的条件。但这是因为我们就像丢了钱包而在路灯下寻找的醉汉一样，换句话说，这么做并不是因为这是最有可能的选项，而是因为这是最容易让人燃起希望的地方。我们知道地球上存在生命，也不知道还有其他什么可能性。因此，首先探索类似的系统完全说得通。如果在那些地方找不到生命存在的证据，我们就可以转而搜索更奇异的选项。再次引用卡尔·萨根的一句话：缺乏证据未必就证明了没有。

我们对生命存在的可能性一无所知，这一事实固然令人兴奋，但也削弱了我们发现宇宙中存在生命，尤其是智慧生命的概率，以及对宇宙中生命的未来做出估计的信心。

1961年，天文学家弗兰克·德雷克（Frank Drake）写下了一种方便记忆的简易口诀，它本质上是指引思考的，用来估计银河系中活跃的可交流的智慧文明的数量。这后来被称为德雷克方程，尽管它并不是一个真正的方程，而是对已知的未知的一种粗略计算的表达式。对可交流文明数量的估计是一系列概率的乘积，而几乎没有任何一项概率是我们可以根据经验得出的。其中一项概率是恒星周围存在行星的比例，我们现在知道这个比例近似于 1。其余的概率包括有可能发展出生命的行星的比例、的确发展出了生命的比例、发展出了智慧生命的比例、发展出拥有交流技术的智慧文明的比例，还有尝试交流的比例，这些比例在当时基本上都只是凭空猜测，现在在很大程度上依旧是这样。

我们可能永远无法从经验上得知所有这些概率，但我们可以确定其中一部分。比如，JWST 可能会揭示一些行星上生命系统的存在迹象，这将第一次告诉我们，德雷克的估计中一项关键的概率并不接近于零。其余的概率将有赖于我们对生命起源更深入的了解。化学家有可能在地球上确定通往 RNA 世界或者类似世界的前生命途径。但我在前面也说过，我觉得可能需要在其他地方发现其他生命的起源，才能证实这样一条途径，或者掌握各种各样的可能性。如果存在诸多不同的生命之路，毫无疑问，这些道路中会包括我们原本意想不到的路，因为我们在地球上的经验很有限。

如果在我们的太阳系中发现了具有截然不同的生物结构的有机生命形式，那将极大增加我们银河系中生命欣欣向荣的概率。如果发现了新的外星嗜极微生物，比如土卫六上的生命形式，银河系中可能存在生命的地方将进一步增加。我们对地球生命的新认识表明，地球上的生命系统基本上已经占领了这里每一个可能的生态位。或许同样的道理也适用于银河系。

无论如何，我也强调过，天体生物学领域仍然处于起步阶段，因此我们对报纸上读到的大多数说法都应该持怀疑态度。猜测比数据多——也许是有理有据的猜测，但毕竟还是猜测。成功的科学是以实证为基础的，而谈到宇宙中生命可能的种类和出现频率时，目前这种实证指导在很大程度上还不存在。

尽管如此，我们仍有理由保持乐观。在我们银河系中有1 000亿颗恒星，也许还有1 000亿个相关的恒星系，地球上的生命是在物理和化学定律允许的情况下尽早进化而来的。此外，水、有机物质和星光，也就是地球生命的必不可少的先决条件，在行星际空间同样无处不在。因此我觉得，要说地球是银河系中唯一支持生命的行星，那太不可能了，更不用说在可观测宇宙中还有1 000亿个星系了。

但智慧却是另一回事。达到现代人类水平的智慧生命在地球上进化了近40亿年。没有证据表明智慧是进化的基本要求。我们自身的进化是一系列偶然情况的结果。尤其是，地球位于银河系的偏远郊区，这里没有灾难性的星系事件干扰我们的进化过程。在离地球更近的地方，木星清除了大部分具有潜在破坏性的小行星和流星，这些小行星和流星本来可能会在任何时候终结地球的进化。其他命运的意外还包括小行星撞击，它似乎结束了恐龙对地球的统治，为哺乳动物的进化铺平了道路。所有这些事件对于人类水平的认知进化都是必要的吗？还有哪些我们目前知之甚少的意外，可能在人类进化和生存中起到了关键作用？

我们对各种可能的智慧形式还缺乏理解，这是这本书的下一章要讨论的话题，这显然会影响我们解决这些问题的能力。

最后，根据 20 世纪的历史和最近发生的事件，人们很早就认识到，智慧技术文明的寿命从宇宙的角度来看可能不过是转瞬之间。科技文明是否注定在实现相互交流之前就会自我毁灭，甚至在冒险穿越星际空间的鸿沟之前就会自我灭亡？这还有待观察。

在思考与生命的未来有关的最后一组未知问题时，所有这些考虑因素都会发挥作用。更具体来说，那就是，地球生命能否在地球和太阳系的动态演化中幸存下来？如果能，将以什么形式存在？除此之外，生命的未来是否与宇宙的终极未来联系在一起？生命能否在不断膨胀的宇宙中永远存在？

无论现代人类在这个世纪中对全球气候做什么，也不管他们对地缘政治产生什么影响，从长远角度来看，地球生命将由太阳和星系的动态变化主导。就表面来看，情况并不乐观。

随着时间推移，太阳会越来越亮。在地球上生命进化的早期，太阳的亮度比现在低 15%左右。如果不是因为当时大气中的二氧化碳丰度比现在高出几个数量级，地球早就被冰封了。

20 亿年后，太阳亮度还要比现在提高 15%。在这种辐射水平下，地球所处的区域与金星目前占据的位置相当。如果不加干预，温室效应就会失控，地球表面的温度可能接近现在金星的温度，达到约450摄氏度，这足以让地球表面毫无生气。

大约50亿年后，两场天体物理学的灾难会联合发挥作用。没那么剧烈的一场是附近仙女星系与银河系的碰撞。虽然这听起来像杜撰的，但并非如此。银河系的大部分都是空的空间，恒星与其他恒星碰撞的概率或许可以忽略不计。但银河系的全局引力演化将发生翻天覆地的变化。我们的旋涡星系将变成球状星系或者椭圆星系。这本身可能没什么影响，但附近的恒星系可能靠近，这可能会对我们的太阳系产生引力上的扰动，而且由于我们太阳系的动力学实际上很混乱，如此微小的扰动都可能带来巨大的后果，包括从太阳系中射出行星。

然而更剧烈的是，在大约50亿年后，太阳将耗尽其氢燃料，演变成一颗红巨星。随着恒星核向内坍缩，变得足够致密，氦开始进行核反应形成碳，太阳外层将会膨胀，包围住地球现在的轨道。

从表面上看，这似乎意味着地球生命的彻底毁灭，如果没有其他事情发生，确实是这样。但是如果智慧生物以一种或另一种的形式存活了那么久，他们或许就有能力以各种方式进行干预。比如，通过改变近距离掠过地球的彗星和小行星的运动方向，就能交换引力能，缓慢地让地球轨道向外移动。在10亿年左右的时间里，地球可能会移动到更接近火星的轨道上，那时，火星的轨道更宜居。

我们要怎么处理火星当然是另一个问题。正如埃隆·马斯克等人提出的那样，或许让大批生命离开地球前往火星会更容易——换句话说，就是让老鼠离开要沉的船。

当我们开始设想这些科幻小说般的猜想时，可以考虑一个更广泛的问题，那就是，生命是否要赶在不得不面对这些潜在灾难之前留条后路，离开太阳系。这样做显然面临着严峻的技术挑战，除此之外还有一点，人类进化出的特点只适合在地球上生活。我们不太适合行星际旅行，更别说星际旅行了。

如果让我下注，我会赌人类不是自己出去，而是发出指令让人类走出太阳系。质量是太空旅行的敌人，人类的生物构造对太空旅行的可能形式带来了巨大的限制。如今，向火星发射火星车的成本不到10亿美元，而人类往返火星的任务的成本可能高达1 000亿美元。随着指挥和控制部件进一步变小，小型航天器能以低廉的成本被送往银河系外围。

派遣小型机器人系统执行单程任务来保护我们的文化、知识，甚至可能是我们的生物学系统，而不是把人类自己送上太空，这似乎难以想象，但前者比后者在逻辑上更说得通。谁又能说，在遥远的未来，地球上占据主导地位的智慧不会变成硅基的，而不再是碳基的？

此外，许多人也注意到，将人类送往太阳系以外可能需要能自我维持的速度缓慢的大型飞船。穿越星际距离可能需要数千年，这暗示着途中必须繁衍出许多代人。从很多方面来看，当这些生物到达之时，他们可能在文化上或者身体上都没那么像现代人了。

这些漫谈似乎与这一章开篇讨论的更实际的问题相去甚远。但我不会回到我们开始的地方，我要进一步讨论一个被称为末世论的主题，也就是关于末世的学说。像所有出色的想法一样，这最初属于神学领域，后来进入了科学领域，我甚至在听说这个词之前就开始在这个领域做研究了。

我从杰出的物理学家兼数学家弗里曼·戴森那里学到了这个词，还有其他很多东西。戴森在发展电磁学的量子理论中扮演了开创性的角色，从而在物理学界声名鹊起。弗里曼在普林斯顿高等研究院工作了60多年，直到2020年去世。其间，他富有创造力的思维在人类智慧活动的广阔天地中疾驰遨游。

举个例子，1979年，弗里曼用他杰出的智识转而思考一个抽象的问题：生命是永恒的吗？他指的生命不是个体，而是文明。他把自己从对实际问题的考量中解放出来（这对他来说并不罕见），去研究了更基本的一般物理问题：物理定律是如何限制生命的未来的？

戴森作为乐观主义者，思考的似乎是最有利的情况，也就是宇宙永远在膨胀。以大挤压结束的宇宙似乎没那么有吸引力。当时，戴森认为开放宇宙的可能性是永恒膨胀的最佳选择。首先，当时的证据表明，宇宙很可能是开放的。其次，膨胀可能是由空的空间中一种能量支配的，我前面介绍过，这种可能性改变了所有规则，但没有得到认真对待。

戴森以他的典型方式从问题中剥离了生物学，而去思考一种泛化的生命形式，它们能感受到时间、处理信息，并以热的形式向周围环境消耗能量。他还假设，任何文明只能获得有限的能量，即使在无限长的时间里也是如此。

由于处理信息需要能量，人们可能会立即认为这样的文明不可能无止境地生存下去。戴森将一个文明的永恒生存定义为文明拥有无限量的思想或“意识时刻”。他将后者定义为生命形式所体验的主观时间，他认为这应该自然地与生物的新陈代谢，因此也和它们“身体”温度成比例。

接着，就像变了个戏法一样，戴森认为生命应该采取以下策略：随着宇宙变冷，生命休眠，然后醒来并思考，接着又回到睡眠状态。戴森得以证明，如果随着宇宙年龄的增长，生命形式的睡眠时间在宇宙年龄中所占的比例越来越长，在这些冬眠期间穿插着短暂的清醒思考，那么生命形式就可以在只消耗有限能量的情况下体验到无限的主观时间。看！永恒的文明实现了。当然，应该指出的是，关于如何实现这个目标，甚至是否能够实现这一目标的实际细节都没有详细说明。

20 世纪 90 年代末，我和同事格伦·斯塔克曼（Glenn Starkman）一直在思考暗能量的存在对宇宙未来的影响，部分是受到了戴森 1979 年那篇文章的启发，我们开始思考，在一个暗能量主导的宇宙中，他的论点会发生怎样的变化。

事实证明，导致宇宙膨胀的暗能量的加入，在关于非常接近末期时的宇宙的表现上，摧毁了戴森的论点（严格来说这是因为最终宇宙的温度不再下降，而是接近与指数级膨胀的时空有关的所谓的霍金温度）。但更重要的是，我们觉得我们有理由反驳戴森关于任何永恒膨胀的宇宙的结论。

我就此联系了弗里曼，并由此开始了我在物理学领域经历过的一次最愉快的辩论。然后，情况变成我下个学期就要去普林斯顿高等研究院，而戴森就在那里工作。我们大部分时间都在一起吃午饭，但大约每周一次，我会去他的办公室，用我认为万无一失的论据证明他错了。第二天，他就会想出一种绝妙的反驳。最终，他同意在暗能量主导的宇宙中，生命的延续在长期的未来基本上注定是不可能的，但他在其他情况下从未屈服。讨论结束后，我们保留了各自的意见，在那之后我们又见了很多次，把讨论焦点转到了其他话题上。

我提到这段经历的原因之一是，正是在这次交流中，我从戴森那里学到了一个关于假想生命的例子，这个例子最初是在弗雷德·霍伊尔的科幻小说《乌云》（*The Black Cloud*）中提出的。

在这个故事中，研究人员在太空中观察到了一团尘埃一样的粒子，最终意识到，这团云是一个有生命的实体，这些粒子以某种方式交流，并有意结合成了一个单一意识。

这个故事本身并不如戴森针对它提出的想法重要。他还是没有在意细节，而是指出，这样一团云，如果允许它随着宇宙膨胀，那它可能就代表了一种生命形式，我们需要打消我们的疑虑，并允许基于这类形式（或者也许是唯一的生命形式）的文明永远“活”下去。

我承认，在思考生命时，我从来没有想到过这种没有实体的物体，虽然格伦和我提出了我们认为打破了戴森关于这种生命形式主张的论证，但他的例子给我们提了个醒儿，我们需要对生命及其意义保持一种开放的心态。

在我们还不清楚生命有哪些可能形式的情况下，我们得认识到，物理定律最终决定了什么是可能的，而生物学遵循着这些定律，而不是反过来。因此，在想象存在的各种可能性时，从问题中剔除生物学是说得通的，因为那可能一叶障目。戴森的思考方式是物理学家处理问题的典型方式，这让我想起了我早年间写的《物理学的恐惧》（*Fear of Physics*）开篇用的一个笑话。我在那本书里提到，一位物理学家被一家奶牛场邀请来解决问题，他走到黑板前，画了一个圆圈，然后自豪地说："假设奶牛是一个球体！"令人惊讶的是，尽管这句话听起来很蠢，但你可以在不做出比这个更为仔细的对奶牛的模拟的情况下辨别出它们很多特征。

说起宇宙中的生命，甚至是多元宇宙中的生命时，我们需要认识到，我们可能仅仅触及了皮毛，如果我们画地为牢，仅仅按照我们所学的规则去想象生命，我们的思考就会受到限制。哪怕一朵"乌云"不会永远存在，它可能也代表了思考宇宙生命可能教给我们的最重要的实例教材，那就是，天地之间还有更多远超我们目前所能幻想到的东西。

最后，如果在一个寒冷、黑暗且永远膨胀的宇宙中思考文明可能的最终终结对你来说太压抑了，也难以想象，你可能会从伍迪·艾伦的玩笑所传达的一个关键事实中得到慰藉：永恒是一段很长的时间，接近终点时尤其如此。虽然没有文明能够无限期生存下去，但在一个永远膨胀的宇宙中，可能会出现局域涨落，以难以置信地小但非零的概率，让一些新的生命形式（在宇宙意义上）瞬间出现。它们也会灭绝，但这个过程可能会时不时重演，直到永远。在这种模糊而不大可能的意义上，生命本身或许永远不会在宇宙中终结。只不过活下来的不再是同样的生命……

我刚才提出的论点对于思考另一个有关生命的未知问题很重要：生命是被设计出来的吗？我觉得至少提出这个话题很重要，因为很多人似乎觉得生命设计论很诱人。

我应该在一开始就声明，没有一丝证据表明自然中存在设计，却有大量证据反驳了它。但我在前面也强调过，缺乏证据未必就证明了没有。因此，我们不能证明不存在一位隐藏的大设计师。当然，你可以提出，这样一位设计师似乎没有必要存在，这也能驳倒许多声称存在这一需求的无聊且错误的论点。

几千年来，地球上生命的多样性，以及它们对周围环境的相当惊人的适应性，都被认为是造物主存在的证据。这一切都随着查尔斯·达尔文和阿尔弗雷德·拉塞尔·华莱士的出现而被改变了，他们证明，自然选择与标准的生物学相结合不仅可以自然产生多样化的物种，还能带来那些看似由某种超自然力量为环境而设计的物种。

换言之，他们证明了并不是地球被精细调节到适合生命的状态，而是只有（通过进化）被精细调节以适合地球的生命才能生存。

我之所以强调这一点，是因为出于某种原因，同样的争论再次浮现，但这一次是在宇宙学领域。有些人一而再再而三地强调这一点，这些人相信我们的宇宙一定存在一位智慧的造物主，如果一些基本常量中任何一个的值与它们的实际值略有不同，那么我们所知的生命就永远不会进化出来。

这种说法本身并不是错的。当人们发现空的空间的能量（暗能量）具有非零数值，它的值比人们根据粒子物理学的论点所单纯期望的还要小 120 个数量级时，这种说法变得更引人注目了。换句话说，这个值看起来小得不可能。哪怕它再高一个数量级，星系或许就不会形成，没有星系就没有恒星，没有恒星就没有行星，没有行星也就没有人类……

一些人根据这一事实得出的结论是，自然的基本常量必然是预先调整过的，所以我们今天才会在这里。还有什么证据比这更能证明存在一位神圣的规划者呢？

但是，这种观点存在诸多错误。尤其是，如果空的空间的能量恰好为零（大多物理学家本以为这是一个自然的预期值），长远来看，宇宙比现在更适合生命的存在。

然而更重要的是前面讨论中概述的考量。没错，如果宇宙的参数不一样，我们或许不会在这里，但既然我们不知道生命全部的可能性是什么，特别是，我们不知道如果物理定律略有不同的情况下存在哪些可能性，我们有什么资格说，在这样一个宇宙中不会出现一些不同的生命呢？或许就是一朵乌云？我觉得，在这样一个宇宙中，这些生命形式也会想知道为什么它们的宇宙恰好精细调节到了适合它们存在的参数！

关键在于，宇宙并不是为生命而精细调节的。相反，地球上的生命之所以会出现，是因为它能出现。在生物进化中，是生命为适应宇宙而精细调节，而不是反过来。我们宇宙中生命的存在看起来像奇迹，但它不一定是奇迹。围绕着生命的起源、多样性和可能的未来的谜团令人着迷，也激起了人们的兴趣。我们还没有完全理解这些东西，这一点并不能证明上帝存在，也无法证明我们生活在某个更先进的文明创造的大型电子游戏中（当然，这就进一步带来了它们是不是生活在电子游戏中的问题，等等）。相反，这只不过证明了我们没有理解，并激励着我们寻找答案。霍伊尔的乌云以及由此衍生出的思考，应该带给我们某种宇宙级的谦卑。不仅我们不太可能是造物主的特殊礼物，还有可能存在着与我们毫无共同之处的生命形式，这就让人更加难以相信宇宙是为我们而造的这种毫不谦逊的想法了。

第 5 章

意识

什么是意识？

它是如何产生的？

人类是唯一有意识的动物吗？

意识会演化吗？

我们能创造它吗？

我们应该创造它吗？

意识是复数未知的单数形式。

——埃尔温·薛定谔

任何问题都无法在产生问题的意识层次上被解决。

——阿尔伯特·爱因斯坦

意识远甚于荆棘，它是刺入血肉的匕首。

——埃米尔·齐奥朗

人类是一件多么了不得的杰作！多么高贵的理性！多么伟大的力量！多么优美的仪表！多么文雅的举动！在行为上多么像一个天使！在智慧上多么像一个天神！[①]

——威廉·莎士比亚

如果我有个脑子
我的思绪忙不停的时候
我就会忍不住挠头

——哈罗德·阿伦、伊普·哈伯格

① 《哈姆雷特》，莎士比亚著，朱生豪译，浙江教育出版社（2019）。——译者注

我小时候很快就迷上了科学，迷上了宇宙的各种可能性，迷上了亲身探索宇宙的可能性。对我来说，成为世界上第一个理解某种基本原理的人，就是任何人梦寐以求的最伟大的冒险了。

我关注的第一个领域就是现在所说的神经科学。对我而言，没有什么比理解大脑更有挑战性了。从很多方面来讲，现在仍然如此。

我没有想到神经科学本身，因为我从来没听说过这个术语或者这个领域。我母亲为我和我兄弟定下了宏伟的规划。我兄弟会成为一名律师，而我将成为一名医生。他确实成了一名律师。我的计划是成为一名脑外科医生，因为我认为医生是最接近科学家的人了。

不用说，我没能成为一名医生，也没有成为一名神经科学家（尽管我在研究生院郁郁不得志时，时不时会不太认真地考虑转去这个领域）。神经科学给我的印象就像分类学——它的内容似乎是发现脑的各个部分是什么，但不一定确切地了解它们是如何工作，更重要的是它们是如何协同运转产生思想的。这简直复杂得无可救药了。从很多方面来讲，现在仍然如此。

然而，就像许多我选择不去研究的科学领域一样，过去的半个世纪见证了我们对大脑的理解的颠覆性改变，这主要得益于探索大脑的新工具的发展。我们可以探测单个神经元，用功能磁共振成像（fMRI）观察思考中的大脑活动，读取数据，在某些情况下，这些数据让我们能预测一个人看到了什么甚至在想什么，探索受到已知脑损伤的个体的感知，甚至将人脑与机械设备接合，试图让人们移动他们以前无法动弹的四肢。

但那些吸引着我，我猜也吸引着我们所有人的谜团，在很大程度上仍未解开。是什么造就了我们？我们如何为世界以及世界中的我们自己建模，如何有远见地做出预测，又如何在事后对世界以及我们自身的存在进行反思？是什么让我们拥有自我意识？我们是唯一拥有自我意识的动物吗？宇宙中也许没有比这更深刻的个人之谜了，但或许也没哪个课题给人类的探索带来的障碍更多了。我曾听说，人们对某个主题的了解程度与相关书籍的数量成反比。这或许可以解释为什么会有这么多关于意识的书以惊人的速度问世。我有幸与多位神经科学家兼作家长时间交谈，并阅读了大量关于这一主题的图书和文章。一直让我惊讶的是，不同作者都声称自己掌握着可行的意识理论，但每种理论都在某些方面与其他理论有所差异。就像不同的宗教一样，它们不可能都是对的，也许没一个是对的。

另一方面，在过去的半个世纪里，新工具使得神经科学、心理学和医学取得了长足的进步。神经科学家提出的不同观点很有启发性，因为它们反映了在这个领域日益丰富的数据中，不同的选择策略如何指向了对澳大利亚哲学家戴维·查尔默斯

（David Chalmers）提出的“意识的困难问题”的各种可能的解决方案。这个问题归根结底就是要了解脑中与通过生化反应存储并处理感官数据相关的物理过程，是如何产生主导我们每个人生活的关于世界和我们自身的表象的。

查尔默斯是意识研究领域的领军学者，这反映了这个领域可能会让人有所顾虑的一个事实。我这样说几乎可以肯定会被误解，因为我本来就有诋毁哲学的恶名，虽然我很重视哲学这项重要的人类智力活动。尽管如此，意识现象据我所知是哲学家和实验认知科学家似乎在同样频繁进行前沿讨论的一个科学领域。我倾向于认为，这是一门科学处于早期阶段的表现。在重要的问题尚不明确的科学领域，哲学对提出问题，也就是科学家日后用来探索自然的问题不可或缺，而这些问题又会引出更深入的问题和答案，以此类推。

在物理学这样的领域，一部分最初被称为自然哲学的东西，也就是早期有关运动、优先的存在状态等哲学问题，在伽利略的实证工作和后来牛顿的理论数学见解之后，便让位于已经脱离最初哲学问题的具体数学问题。

随着时间推移，物理学取得了巨大进步，如今几乎所有物理学家研究的问题与现在科学哲学家讨论的问题都几乎甚至完全不存在直接联系了。一个简单的事实是，总体来说物理学家不会读哲学文献。这并非贬损，这两个领域在很大程度上已经分道扬镳，原因很简单，物理学作为一门以实证为基础的科学已经取得了太大的进步。

但就神经科学，尤其是意识问题而言，情况截然不同。究竟哪些基本问题或者概念最有可能取得进展，仍然是一个争论不休的话题。因此，哲学家可以对逻辑问题进行有益的分析，并提出有助于指导未来研究的概念。帕特里夏·丘奇兰（Patricia Churchland）和丹尼尔·丹尼特（Daniel Dennett）等哲学家多年来专心研究科学问题，似乎在推动辩论和研究向前发展的方面发挥了重要作用。安东尼奥·达马西奥（Antonio Damasio）、约瑟夫·勒杜（Joseph LeDoux）、V. S. 拉马钱德兰（V. S. Ramachandran）和已故科学家弗朗西斯·克里克等神经科学家，还有史蒂芬·平克和诺姆·乔姆斯基等认知科学家，这些人都影响了我对这些问题的理解。[其他对我产生影响的人还包括苏珊·布莱克莫尔（Susan Blackmore）、阿尼尔·阿南塔斯瓦米（Anil Ananthaswamy）等科普作家，当然还有奥利弗·萨克斯（Oliver Sacks）。] 在我看来，仅仅是这里的各种名字就提供了证据，证明意识的关键问题远没有得到解决。

这里还有一个问题。我在上一章开篇就描述过，试图定义生命很难。但和尝试定义意识相比，那简直是小巫见大巫。意识科学如此多变，以至于各种定义的数量几乎和研究人员数量不相上下。事实上，许多投身于意识研究的科学家都会绕开严格的定义，而是通过对神经过程更宽泛的进化考量缓慢走进人类意识，或者通过探索各种传统定义中可能存在的错误或缺失，逐步理解最能捕捉意识本质的东西。

意识是一种模糊的特质，因为它存在于生命进化发展中的一个难以测量也难以量化的层次上。不同于腿、鳍或者眼睛，人们无法客观测量早已灭绝的动物物种的认知发展。即使在现存物种中，也无法直接探测所谓的意识。这是因为，许多通过观察行为（包括逃离危险等行为）得出的有意识的自我觉知的关键特征，在没有脑的生命形式身上也同样存在，但这些生命形式显然没有意识。

因此，我们必须超越对行为的观察，才能探究意识的深层，但只有人类才有可能报告直接的自我观察。正因如此，不同神经科学家在诸如狗或者猫等动物的意识水平的基本问题上依然争论不休，就更不用说章鱼、海豚和鲸这样的动物了。在我看来，我家的狗显然拥有记忆、情感和基本的推理能力。它有意识吗？当我望着它的眼睛时，我感觉确实如此。我这是在拟人化吗？当然是。但我错了吗？

伯特兰·罗素在解释动物行为时曾经说过："所有被仔细观察过的动物的行为，都印证了观察者在开始观察之前所信奉的哲学。"事实上，我之所以对我家狗的感觉持怀疑态度，原因之一就是我们都习惯于将行为归为感觉的产物，但事实并非总是如此，或者说，可能从来就不是这样。我们看见老鼠在猫靠近时会僵住，并将这种僵住归因为恐惧，但我后面也要说，进化的观点认为这实际上是一种生存反应，它与笛卡儿的沉思的共同之处和与细菌的运动的共同之处都一样。如果动物有感情，那么这些感情可能是由行为产生的，也可能是反过来。

即使我们有能力与有意识的实验对象（比如人类）就其有

意识的经验进行交流，我们也应该对通过询问实验对象得到的结果（讲述了他们行为的认知基础）抱持怀疑的态度。我们大多数人可能会认为自己的行为是基于理性的决策，但实际上往往都在自欺欺人。我们根本意识不到所有促使我们做出言行决定的因素。然后，我们会为自己编造一些看似合理的解释，也就是我们更熟悉的所谓“合理化”。如果我们压根儿不知道为什么意识会促使我们行动，我们自然也就无法将这些信息传达给可能正在研究我们的实验人员。

罗杰·斯佩里（Roger Sperry）和迈克尔·加扎尼加（Michael Gazzaniga）在20世纪60年代设计了所谓的裂脑实验，这是说明我们会自欺欺人的最令人信服的证据。我们的脑有两个半球，它们主要由一个叫作胼胝体（CC）的区域相连。男性的胼胝体比女性的更小，这就是为什么我妻子说我没她那么擅长多任务处理。尽管如此，众所周知，一些感知信息会从一个半球传到另一个半球。举个例子，来自左侧视野的视觉信息由你的右半球处理，反之亦然，而来自右耳的听觉信息则由右半球处理（同样，来自左耳的听觉信息由左半球处理）。与视觉信息一样，运动控制也会交换半球，也就是身体的左半边由右半球控制，反之亦然。

只要两个半球之间的连接是正常的，这种分工就不会有多明显，因为两个半球都能快速处理信息。然而，在20世纪五六十年代，人们通过切断胼胝体来治疗严重的癫痫患者，防止癫痫从身体一侧扩散到另一侧。结果非常鼓舞人心，癫痫减轻了，而患者的行为、性格等方面几乎没有发生其他明显变化。斯佩里和加扎尼加正是对这些患者进行了观察。

他们让患者坐在一块分割的屏幕前，盯着屏幕中心。文字或图片在视野的一侧或另一侧闪烁。患者可以通过言语或者双手做出反应。语言处理主要局限于左半球，因此，如果右侧视野中闪现一幅图，患者可以把它正常描述出来。但如果在左侧视野中闪过一幅图，患者就无法描述它的内容了。

对于左侧视野中的物体，患者没法用言语描述他们看见了什么，但他们被要求用手来表示他们的所见，而不需要说话。由于右半球控制着左手，实验人员给了患者一袋东西，让他们用左手选择与看见的物体对应的东西。

在一项实验中，患者的左侧视野中出现了一幅雪景，而右侧视野中出现了一只鸡爪，患者被要求从面前的一系列图中挑选出与之匹配的那张。他们左手选择了一把铲子（对应着右半球处理过的雪的视觉图像），右手选择了一只鸡（来自左半球处理过的右侧视野图像）。

到目前为止一切顺利。但重点来了。当被要求口头解释选择的原因时（言语能力是左半球的专长），患者却解释道："鸡爪和鸡配对，你需要一把铲子来清理鸡舍。"

简而言之，负责言语的左脑创造了一个有意识的一致的故事，但这则故事与患者的实际所见毫无关系。大脑将选择合理化，从而解释行为，传达出了一种虚假的叙事，因为对左半球而言，只有这种叙事才说得通。

从这些观察中可以得出两个不同的结论，而两位实验者各选择了一个。斯佩里总结道，两个脑半球体验了两种不同的意识。而加扎尼加的结论是，只有左半球才真正产生了高级的意识，因为这个半球控制着语言和信念，并赋予人意向性和行动。

这不仅证明了研究人员观点的多样性——即使针对同一组与意识有关的数据集也是如此，同时也表明，想要通过向实验对象提问，或者观察他们的行为来推断他们意识推理的本质是多么困难。这是因为，他们可能不会说出推理的实际来源，并不是有意隐瞒，而仅仅是因为我们无法总能得知我们行为的真正原因。正如大卫·休谟在《人性论》中有先见之明地指出："理性是并且也应该是情感的奴隶。"

本章开篇引用的阿尔伯特·爱因斯坦的话也反映了这个问题。我们是有意识的生命，试图理解我们在试图理解意识时所用的过程。虽然我们现在可以探究其他个体的神经过程，但如果不依赖他们自己的报告，我们也没法真正进入他们的脑袋，了解他们在想什么以及是如何思考的。此外，在试图研究我们自己时，我们也无法跳出自己的头脑。我们只能体验对自己和他人意识最终结果的个人感知，但无法体验意识产生的过程，也无法体验我们的感知究竟有多贴近现实。

早在 19 世纪 90 年代，心理学家就明确认识到了这种根本上的障碍。在威廉·詹姆斯的经典著作《心理学原理》中，他首次提出了"意识流"的概念，我们后面会再回到这个概念上来。他花了大把时间试图探究自己的思想，寻找意识起源的明确证据，他认为这种内省无异于“试图调大火光，看看黑暗是什么样子”。内省充其量只能带我们抵达意识的冰山一角，但真正发生的事情就像海平面之下隐约可见的冰山的巨大部分那般隐蔽。詹姆斯甚至承认，虽然感知本身可能比意识更容易理解，但“我们感知的一部分来自我们对面前物体的感觉，另一部分（可能是更大的一部分）总是来自我们自己的头脑”。

乔治·曼德勒（George Mandler）和威廉·克森（William Kessen）后来在他们1959年出版的《心理学的语言》（*The Language of Psychology*）中呼应了詹姆斯的观点：“原子不会研究原子，恒星不会调查行星……人类研究自身的事实，以及人类拥有根植于所有人的日常行为的古老观念，是科学心理学道路上的一个主要障碍。”

从某种意义上说，这种情况会让人想起我们在最大尺度上理解宇宙、在最小尺度上理解引力的研究。一方面，我们被困在我们的宇宙中，因此能通过经验探索的问题种类很有限。另一方面，我们还没有足以区分各种小尺度上引力行为的理论预测的实验探测手段。

在这方面，我特别支持神经科学家安东尼奥·达马西奥有关意识本质的一句名言：“……在讨论像心理活动这样复杂的现象时，我们往往不得不在根本无法验证的情况下满足于合理性。”这正是我描述宇宙起源或者多元宇宙存在这样的事件时采用的方式，在这些情况下，我们因为得到了合理的解释而欣喜，但寄希望于现在就证实或证伪，还只是梦里才有的东西。当然，就意识而言，梦是由什么构成的正是我们感兴趣的问题。

著名的美籍乌克兰裔进化生物学家特奥多修斯·多布然斯基（Theodosius Dobzhansky）于1973年写道："不从进化论的角度来看，生物学的一切都无法解释。"我们是在我们之前出现的每一种生物（无论是现存的还是灭绝的）的产物。无论意识是否最先出现在人类身上，只要它的确出现了，那它就都是通过漫长而曲折的进化之路产生的，这条进化之路直接将我们与地球上最早的生物联系在一起。

试想一下人们可能会认为意识的出现需要哪些最起码的属性。第一反应给出的猜测或许包括行为、学习和记忆。我们在这里立刻会遇到一个问题：这些属性虽然可能是必要条件，但远不够充分。

再次引用罗素的话："从原生动物到人类，无论是在结构上还是在行为上，都存在巨大的差距。"为了传承基因，自古以来，所有生物都有两项必要的任务，那就是生存和繁衍。为了生存，即使是最原始的生命形式，也就是细菌和古菌，也需要感知周围环境，在可能的情况下移动来避免伤害。

原生动物可以游动远离包括刺激性化学物质和阳光这些不利因素的有害环境，游向更安全的环境，以平衡体液或者调节温度。它们显然还能利用过往的经验指导当前的行为，甚至细菌也有类似的学习和记忆行为证据。有些人甚至认为，细菌最终能够战胜由地球上最聪明的物种开发的抗生素，这个事实就是一种原始智慧存在的证据。但在这种情况下，是自然选择带来了抗生素耐药性，而不是智慧。

细菌和原生动物都没有神经系统，几乎没有人（也许除了迪帕克·乔普拉[①]）会说它们是有意识的。但由于我们在社交互动中只能通过我们人类同伴的行为来推理，因此将行为与有意识的意图混为一谈很常见。

前面也提到，我们假设，与有意识的感觉相关的行为上及心理上的反应是由这些感觉产生的。举个例子，我们假设我们逃离危险（就像老鼠看到猫时愣住了）是因为害怕。但如果我们是因为逃跑而害怕呢？又或者，如果逃跑和害怕是两个互相独立的认知反应呢？

甚至连神经科学家也会混淆意识和行为。在人脑中，杏仁核是大脑边缘系统中靠近大脑底部的一部分，通常被叫作“恐惧中心”，也就是大脑中与恐惧和焦虑情绪联系最密切的部分。约瑟夫·勒杜是促进了这种观念传播的神经科学家之一，但他现在认为这个观念错了。杏仁核是脑回路的重要组成部分，控制着面对威胁的行为和心理反应。人们自然地得出结论，认为它是产生恐惧感的原因，但勒杜现在认为，有意识的恐惧感来自与意识本身相关的不同认知回路。

苍蝇在感觉到危险时会停止移动。它们没有杏仁核，但有

---

① 迪帕克·乔普拉（Deepak Chopra）是美籍印度裔作家，主要撰写有关灵性等主题的图书。——译者注

其他认知生存回路负责检测并控制对威胁的反应。这种行为背后的基因和哺乳动物的很相似，它们可能是从数亿年前的某个共同祖先那里遗传到了这些基因。

苍蝇也许看起来很害怕，但它们可能并没有产生意识的回路。我们也有本能回路来控制与某些情绪有关的行为，它们可能基于某些古老的生存回路。但它们并不会产生情绪。

勒杜强调，这种区分的证据是，所谓的抗焦虑药物没能真正治疗那些产生焦虑和恐惧的回路。这些药物可能会改变动物对威胁的行为反应，包括呼吸急促、肌肉紧张和警觉性提高，但它们针对的是生存回路。因此，这些药物可能有助于控制人类与焦虑有关的行为症状——这些症状或许需要治疗，但药物并不针对有意识的焦虑感。

回到进化的话题，生物的生存不仅取决于躲避外部威胁，还离不开调节生物体内部的物理和化学环境（包括体温、废物处理、能量产生、液体摄入等）来维持生物内部的新陈代谢。

虽然所有生物体都有维持稳态的方法，但随着生物变得越来越复杂，生物对稳态的要求也水涨船高，需要更复杂的内部感受机制。单细胞原生动物的后代中，有一种叫作领鞭毛虫。这些生物形成了克隆群落，在这些群落中，细胞与细胞之间存在用于交流的分子桥，细胞内部则利用电信号交流。所有这一切都预示着神经元的基本分子基础。领鞭毛虫含有的一些基因和蛋白质后来被动物用来形成突触，也就是神经元交流的关键部分。

从进化的角度看，动物在很久之后才发展出真正的中枢神经系统，它有两个作用，分别是监测外部条件和监测生物全身的内部状态。中枢神经系统能让新陈代谢系统之间在功能上高度协调，帮助维持稳态。特别是，它能接收感觉信息，并产生运动反应。

神经元拥有从细胞体延伸出的长长的纤维。它们通常有一条长轴突，用于向其他神经元发送长距离信息，还有许多被称为树突的小纤维，作用是接收附近轴突的信息，并将信息传递给附近的轴突。使用电信号而不是化学物质，可以在神经系统中快速通信，感觉细胞和负责运动反应的细胞之间因此可以保持一定距离。

神经细胞促进了即时的、先天的威胁反应，因此扩展了更简单物种中的化学反应机制。改变生物行为方式，并且为意识的产生铺平了道路的一项关键发展，涉及神经元的另一个新的方面。当生物与环境相互作用时，神经元可以被改变。这种“突触可塑性”也许是改变动物生活最重要的发展，因为它让生物得以克服原本简单的先天行为反应，而产生各种各样的应答。它构成了动物学习的基础，而且，我们也即将看到，它承载了现代人类认知的两大支柱——语言和意识——的核心特征。

随着神经系统的发展，生物的复杂性和能力不断提升，协调整体的中心单元也必须提高复杂性和能力。因此就需要脑了。由于需要温度调节系统、需要对捕食者做出运动反应、需要提高视觉敏锐度，以及最终需要解决与繁衍和后代存活相关的更高层次的问题，脑不得不进化并增大尺寸，增加新的功能，并最终增强认知回路。

经过几个世纪的详细解剖，现代人脑的复杂程度时至今日仍然令我们震惊。最惊人的是，脑的各个组成部分，包括前脑、中脑、菱脑、脊髓等，其功能都不独立于其他部分的功能。举个例子，回到恐惧的问题上，过去人们认为，包含边缘系统的旧皮质负责恐惧和攻击这样的原始情绪，而新皮质负责高阶认知，但不负责情绪。边缘系统控制着与攻击和防御相关的行为，但与这些行为相关的情感在因果关系上并不一定是控制这些行为的来源。此外，边缘系统包括海马和扣带回皮质等区域，这些区域有助于包括记忆在内的认知功能，而新皮质则包含与情绪体验有关的区域。

要理解意识的本质和起源，根本问题并不在于分离出可能促成最终结果的独立的大脑认知功能，而在于最终的结果似乎远远超过了其独立部分的总和。意识、感觉、记忆和学习都发挥着作用，但即使是对周围环境的感知，也与自我体验周围环境时对自我的感知截然不同。对事件或者危险情况的记忆，与对身处这些情况并体验与这些事件相关的情绪的记忆大不相同。还有许多类似的例子。

甚至情绪本身的性质也各不相同。快乐和痛苦似乎是原始的情绪，因为它们基于对外部刺激的直接反应，但悲伤、渴望、期待和不信任等情绪似乎属于一种更高的层次。在试图了解后面这些情绪时，我们很难尝试借助进化论的论据，因为我们在动物身上能做的只有观察外部刺激的行为后果，探测到的也许是快乐和痛苦的原始感觉，却无法洞察随之而来的任何认知内省的可能性。我妻子告诉我，我不在家时，我的狗似乎很难过。虽然这听起来很感人，但它更多反映的是我妻子对我和我的狗的有意识的关心，而非证明我的狗拥有情感的明确证据。

尽管有必要考虑意识的涌现特性，而不仅仅是探索特定组成部分的功能，但开始探索人类意识可能具有的独特性时，有一种方法是研究人脑独有的解剖学进化发展。约瑟夫·勒杜强调，重点自然是前额叶皮质，这里通常被视为认知的中枢指挥部。它是灵长类动物和其他哺乳动物之间差异最大的皮质区域，在细胞、分子和基因水平上，人类和其他灵长类动物之间也存在微观差异。前额叶皮质与所有涉及高阶处理的区域相连，包括感知、记忆和语言。即使在这里，也存在一种表面处理的层级，被称为额极的最前区接收来自许多不同认知区域的输入，似乎参与了抽象概念推理，包括计划、解决问题和控制审慎的行为。不过，要再次强调，认知并不完全是在前额叶区域进行的。还有其他后端区域不断地交流和反馈，因此即使前额叶皮质受损，重要的认知能力依然存在。

大小也许并不重要，但研究发现，人类的前额叶皮质相对来说比其他灵长类动物的更大，虽然精确的测量表明，这可能源于体型差距。看似更有意义的是我们脑中细胞结构的差异。前额叶皮质和额极的新皮质组织有6层，其中一层里有一种独特的细胞类型，叫作颗粒细胞。只有灵长类动物的前额叶皮质中才有颗粒细胞，这说明它们具有独特的功能。

此外，人类的前额叶皮质中细胞的空间排列不一样，细胞层之间的连接程度不同，与新陈代谢和突触形成有关的基因表达模式也不同。而且，人类前额叶皮质的神经元与其他脑区的神经元之间的相互联系也更为紧密。

在这里，安东尼奥·达马西奥强调了他眼中意识一个非常重要的方面：脑与身体内部的联系是有意识感受的来源。在最基本的层面上，自我意识来自对自己身体及其所处状态的感知。感觉并没有脱离产生感觉的身体结构。为了支持这种联系，将信号从身体传输到神经系统（所谓的内感受系统）用到的神经元似乎存在明显的相关生理差异。

前面提到，神经元有一个细胞体和一个轴突，轴突是一条长长的“电缆”，可以通过突触连接向其他远处的神经元发送信号。跟电线一样，轴突被一种叫作髓鞘的东西隔绝，防止它与外界环境发生接触。如果没了髓鞘，轴突周围的分子发射电子的能力就会改变。此外，在没有髓鞘的情况下，除了在突触那里与原始轴突直接连接的神经元外，其他神经元也可以沿着轴突与之接触，产生所谓的非突触信号。相反，有髓鞘的轴突则不受周围环境的影响。但大多参与内感受的神经元缺乏髓鞘，这让它们对环境要敏感得多。

由于与内感受有关的脑区（包括脊髓和脑干）缺乏传统的血脑屏障，内感受的另一个机会是将神经信号与来自身体的直接输入信号混合。由于没有血脑屏障，体内的化学信号可以直接与神经信号相互作用。

回想一下，神经系统的进化让生物可以通过细致的感知和中枢处理改善稳态调节，从而提高对威胁或者机会的反应能力。如果就像达马西奥所说，“感觉”是迈向有意识的自我意识的第一步，内感受神经元的这些生理特征就与神经系统相互一致，让“稳态感觉”得以发展，从而使以前对可能引起疼痛的刺激做出的后退反应演变成了“感觉到”疼痛，并最终在推理和理性的基础上从各种可能的有意识反应中做出选择。达马西奥强调，感觉是“心理”现象最早的例子。它们代表的不仅是对外界刺激的生理反应，更是对我们自己身体状态的内省反思。从这个意义上说，它们是生物调节内部状态维持的生理稳态过程的一种自然延伸。

另一个似乎与最终成为意识的东西有关的生理成分是脑处理的早期发现之一。20 世纪 70 年代，约翰·奥基夫（John O'Keefe）发现，海马内的细胞实际上是根据各种固定的方位标记来绘制观察者周围空间环境的认知地图的。由于发现了这些位置细胞，他与他人共同获得了 2016 年诺贝尔生理学或医学奖。

认知地图的概念强化了意识作为刺激与反应之间原本固定的先天联系里的中介的概念，它的基础是对外部世界的内部表征的构建。由此，生物体验刺激的意识实际就在刺激发生的地方，并由此通过记忆和推理，得出多种可能结果中的一种。借用苏珊·布莱克莫尔的话说：

> 心理就像我脑中的私人剧场，我坐在那里，通过眼睛

> 向外观望。但这就像一个多感官的剧场，有触觉、嗅觉、听觉和情绪。我可以发挥想象，创造出各种景象和声音，就好像在心理屏幕上看到，或者从内在的耳朵听到一样。所有这些想法和印象都是“我的意识的内容”，而“我”就是体验这些内容的观众。

但剧场的比喻作用有限，尤其是因为，在有意识的认知处理过程中，很多东西都是隐蔽的，甚至连进行处理的心理也不知道。一项著名的实验证明了所谓的“盲视”，参与实验的患者的部分视觉皮层（V1）受损，而视觉世界就在V1中展开的地图上。这创造出了一片患者看不见的盲区。研究者在这片区域中向患者展示竖直或水平条纹的图像时，患者说他看不见条纹。但当让患者猜这些条纹是垂直的还是水平的时，差不多90%的情况下患者都猜对了。

这一结果合情合理，因为视觉信息在脑中的传输存在多个并行路径，其中有些并不涉及V1。但关键之处在于，即使这解释了患者能够用直觉感受到他看不见的图像的性质，他仍然缺乏对这种图像性质的意识。

这种视觉处理中的并行性在其他很多脑过程中也有类似的例子。事实上，大脑就像一台巨大的并行处理设备。如果说心理是个剧场，那它就是一家同时上演多部电影的多厅影院。当然，存在许多似乎在进行高阶大脑处理过程的皮质区域，这暗示着意识本身并不存在一个核心总部。

那么，在我们看来，生命是如何像一部电影那样单线程地进行下去的呢？

无论何时，大脑都处理着大量信息。一些神经科学家将它比作一个全球工作空间。我把这个工作空间想象成我电脑的大屏幕，上面有许多不同的窗口，对应着同时运行的各种进程。我现在正盯着文字处理窗口，但后方右侧是我的网页浏览器。再往右是一个笔记窗口，我那里记了一些有关这一章的笔记和想法。左下方是一个邮件窗口，展示着当前和过去的信息，左上方还有几个窗口，列出了不同存储位置的文件。

我知道还有其他窗口。此时我的注意力集中在这个文字处理器上，但其他窗口仍然开着。

现在，有两种方法来思考意识在这幅图景中的角色。第一种方法是，这个工作空间中的项目由于被带到了显示器窗口的最前方，而成了有意识的想法，换句话说它被播送了。第二种方法是，所有窗口都是我们意识的一部分。

哲学家丹·丹尼特（Dan Dennett）的看法略有不同。他认为，在我们以某种方式被探测，并对某些刺激做出反应之前，工作空间中的东西并没有真正进入或离开意识。直到那个时刻，工作空间的一部分被选中，我们决定意识到它。

我觉得这种对意识的想象非常容易让人联想到量子系统的经典图景，它在同一时间处于许多不同的状态中。我们进行测量时，会从众多备选中选择一项。在我们做出选择之前，我们没法说系统处于任何一种状态。

这并不是说量子力学与意识有什么关系，尽管有些人，比如物理学家罗杰·彭罗斯以及他在亚利桑那大学的合作者都认为量子力学是人类意识的一项基本特征。我听过这个团队成员的演讲，除了罗杰之外，他们都不是物理学家，坦率地说，他们的演讲对我而言完全是胡扯。

我之所以提出丹尼特的观点，不仅是因为它很吸引人，还因为他是一位哲学家。前面说过，目前哲学家和神经科学家正围绕意识是如何显现的基本问题展开如火如荼的辩论，这表明意识科学目前正处于萌芽阶段。我们还不太清楚如何提出正确的问题（这一点哲学可以提供帮助），更别说如何回答这些问题了。即使我们对脑的生理结构和功能有了更深入的了解，但与记忆、学习和推理相关的高阶认知过程如何引导我们意识到自身存在的根本问题，仍然是科学尚未解决的、最难以捉摸的基本问题之一。

另一条可能的进攻路线始于思考意识可能赋予人类的独特进化优势。就拿前面介绍的概念来说，随着越来越复杂的、纳入更高阶的认知处理的系统出现，情感从中演生，这是为了解决生存和稳态问题。意识通过内省，可以在神经系统监测体内基本状况的基础上，带来新的（而非天生的）生存策略。

利用内部目标表征（无论是来自认知地图还是存储记忆的）来灵活应对不断变化的环境条件，这种能力是进化的一大步，人们注意到，这种能力可能只存在于某些哺乳动物中，或许还有鸟类中。

那么，还有什么发展将古人类推向了这样一个水平，即能够内化对这些目标的认识，赋予生物在这种环境中一种独特的存在感，让它们在决策过程中既是主体又是客体？

一种可能答案是语言的进化出现。在这里，我认为诺姆·乔姆斯基的观点最有说服力。我们自然会想到，使用语言是为了生物间的交流，而从进化的角度来看，语言给早期古人类社会群体赋予了生存优势，这毋庸置疑。但乔姆斯基认为，语言是作为能有效产生思想的神经回路的一部分进化而来的，它让现代认知、反思和自我意识成为可能。内在产生的思想有时可以通过感官运动媒介外化，然后用于交流。

在拥有语言的我们的眼中，在没有语言生成过程的条件下构建思想几乎是不可想象的。一个人在通过语言表述自己的思想之前，并不知道自己的思想是什么。

强调语言与思维之间的生成联系的并不只有乔姆斯基一个人。事实上，在强调外部输入和输出的行为主义兴起之前，标准的观点就是语言和思维本质上无法分离。

语言产生的机制与语言后来作为一种交流形式的表达之间的区别同样如此微妙，以至于我们很难找到合适的语言来描述它。神经学家兼作家奥利弗·萨克斯写道："正是通过内心独白，儿童才形成了自己的概念和意义；正是通过内心独白，儿童才实现了自我的身份认同。"他显然指的是语言在认知中的重要性，但"内心独白"真的是恰当的描述方式吗？心理在产生语言的过程中，带来的不仅是一版不发声的外在言语。

心理学家史蒂芬·平克强调了语言与我们的人性之间的根本

联系，他认为“语言是洞察人类本性的一扇窗”。最后，丹·丹尼特指出，“有了语言的心理与没有语言的心理大不一样，以至于把两者都称为心理就是错的”。事实上，我们可以将这种观点简明扼要地概括为，没有语言就没有心理，只剩个脑子了。

我认为这种观点格外吸引人的地方——尤其是基于我迄今为止对意识所做的讨论——在于语言带来的巨大逻辑飞跃与意识带来的行为飞跃之间的相似之处，那就是产生新的认知状态和对刺激的反应的看似无限的灵活性。

乔姆斯基和史蒂芬·平克等认知科学家强调，从计算角度来看，构想新的词串，构造出之前从未说过、从未想过的句子，是一次重大的认知飞跃——也许是有史以来最重要的一次飞跃。它为我们提供了一扇窗，让我们了解可能在脑中天然存在的详细的定量逻辑心理算法。

意识提供了一次类似的行为上的飞跃。意识将自我既理解为主体，也理解为客体，即对自身状态和周围环境状态产生内在表征，并能预测目标和这些目标的内外部后果，从而为我们提供了与生活中每时每刻相关的看似无限的行为反应选择。

有些人喜欢从自由意志的角度来看待这些选择，但我认为这带来了一连串没必要，也不是特别有用的复杂问题。我们是否拥有自由意志，或者仅仅拥有（从物理学的角度来看）自由意志的表象，并不是真正重要的问题。重要的是，当面对相似的外部环境压力时，70 亿人可能会采取看似反映了 70 亿种不同人生决策的行动。

当我们从实验生理学领域转向理论神经科学，甚至哲学思辨时，也就是我们此刻所处的情境——试图捕捉意识的本质及其起源，我们不可避免地要面对一个此前一直避而不谈的明显问题，那就是自我的概念。

不少认知科学家，当然还有佛教徒都认为，自我是一种幻觉。当然，我们所知的关于大脑的每一件事都表明，在我们思想的帘幕之后，并不存在什么可以被视作每个人内在原始的“我”的巫师在操纵我们。脑至少是一个分布式处理系统，有多条信息流和信息处理路线、多个中心，还有许多我们没有意识到的认知状态的输入和改变。

1985年，神经科学家本杰明·利贝特（Benjamin Libet）做了一项实验，其结果震撼了整个研究领域。他要求受试者观察电视屏幕上围绕一个钟面旋转的圆点，然后记下他们随机决定动一动拳头时圆点所在的位置。与此同时，利贝特用贴在他们头皮上的电极测量了一个逐渐增强的信号，被称为准备电位，这个信号标志着让受试者行动的脑活动的开始。他发现，有意识的行动决定是在行动前约200毫秒做出的，但准备电位信号开始的时间比决定还要早大约350毫秒，几乎出现在行动前半秒，比受试者有意识地决定行动还要早超过三分之一秒。

尽管许多科学家和哲学家对这项结果的哲学意义争论不休，但它在操作层面的含义显而易见。意识的确就像一座冰山，我们体验到的只是水面上露出的一小部分，在这背后还有大量的大脑处理过程正在运转。[具体有多少还有待研究。值得注意的是，至少有一项由肖恩·赫加蒂（Shaun Hegarty）进行的研究认为，如果考虑到神经传输的速度，利贝特的延迟结果的大部分或者全部实际上可能会消失。]

詹姆斯的“意识流”可能是我们意识最终被感受到的结果，但许多神经科学家认为，在我们的生活电影中扮演主角的一直存在的“我”，其实只是个傀儡。心理将图像、感知和理由拼凑在一起——有时是事后拼凑，从而产生了我们所认为的单一连贯叙事，我们将它描述为自我意识。大脑只是做它该做的事，不存在任何外部或内部的观察者在观察或者控制正在发生之事。

苏珊·布莱克莫尔认为，这种将自我视为一种幻觉的观点可以追溯到休谟，她描述道，休谟得出的结论是：“自我不是一个实体，更像是‘大量感觉’。一个人的生活是一系列印象，这些印象似乎属于一个人，但实际上只是通过记忆和其他关系联系在一起的东西。”

我们还可以把这种概念往前推一步。如果我们经历的叙述既是我们心理的发明，也是现实的真实反映，那么我们可以说，不仅自我，现实本身也是一种幻觉。这也许是对经验要遵循我们认知模式这种先验合理预期的一种更戏剧化的表达方式。神经科学家安迪·克拉克（Andy Clark）和阿尼尔·塞思（Anil Seth）认为，由于我们拼凑起来的叙事是基于记忆经验，也是基于实际的外部输入产生的预测，而且这两种基础其实差不多，所以，有意识的感知是一种“受控的幻觉”。当然，奥利弗·萨克斯的重要论述也值得回味，他在《幻觉》[①]中写道，对经历过幻觉的人而言，幻觉就是真实的。

我们该如何理解这一切呢？难道我们要像布莱克莫尔所说的那样，接受这需要“完全抛弃任何关于你是一个拥有意识和自由意志的实体，或者说你生活在这个特定躯体中的想法”吗？我们是否应该“承认‘自我’这个词尽管很有用，但它指的并不是什么真实或持续存在的东西，它只是一个想法或一个词”？

我觉得这种观点既没有说服力，也毫无用处，并不比这本书开篇提到的“时间可能是一种幻觉”的说法有用多少。还是那句话，对一个因为没赶上火车而错过一场重要的工作面试的人这么说试试。至于自我的幻觉，对一个小腿被踹了一脚的人，或者更糟糕的是，被挚爱抛弃的人这么说试试。

自由意志可能也是一种幻觉，而事实上，也有人把利贝特的研究结果解释为摧毁自由意志的最后一根稻草，因为他认为，在我们认为自己做出决定之前，大脑就已经做出了决定。但我们生活的这个世界无论从哪个角度来看，都与一个自由意志不是幻觉的世界并无二致。因此，假装我们拥有自由意志在实操层面上完全说得通。同样，意识或许创造了自我的幻觉，但如果意识决定了我们是谁，那在我看来，试图将自我从一个人的心理中剔除不过是徒劳，不太可能为现实世界带来任何深刻的启示，毕竟，我们的意识提供了一个现实世界的入口。

---

① 简体中文版由中信出版社于2014年出版。——译者注

简而言之，我们只能打好我们手里这副牌。认识人类认知的科学方法应该考虑到这样一个事实，那就是，就内在心理状态而言，自我意识和对外部世界的意识一样真实，如果我们想要理解后者，那么争论前者的存在真实性可能不会带来什么成效。就我们的心理而言，“自我”和“真实”都与意识密不可分。重要的是意识如何创造我们对这两者的体验。正是这个棘手而复杂的基本问题，就像我们对自身在宇宙中所处位置的任何问题一样，一直考验着我们。

> 神经科学告诉我们，我们的自我感是大脑和身体之间复杂互动的结果，是神经过程的产物，这些过程每时每刻都在修正着我们的自我感，它们串联起来让我们产生一种从不停顿的作为人的感受。我们时常听到人说自我是一种幻觉，说自我是自然最精致的把戏，但所有这些把戏也好，幻觉也好的说法都忽视了一个基本的事实：若是把自我取消了，就没有了可被把戏耍弄的“我”，没有了那个幻觉的主体。
>
> ——阿尼尔·阿南塔斯瓦米，《不存在的人》

有时候，你如果真想了解某台机器是如何运转的，就需要找到一台坏掉的机器试着修好它。虽然自然给我们的这一手牌限制了我们科学地研究自己和他人意识的能力，但自然有时也会制造出一台坏掉的机器。这给我们开了扇后门，或者说是一扇后窗，让我们能进入意识的各个层面，探索用其他方法根本无从探索的内容。

这种启发了阿尼尔·阿南塔斯瓦米的书名的疾病，被称为科塔德综合征，患者认为自己已经死了，他们头脑中的“我”不复存在，因此他们也不存在了。就像阿南塔斯瓦米或者神经病学家奥利弗·萨克斯在他引人入胜的图书和文章中所讨论到的许多这样怪异的疾病一样，很难相信真的有人会患上这样的妄想症，但他们确实为之困扰。我们通过研究这些以各种方式失去自我感的患者，或许有望了解让我们感觉自己切实存在的过程。

这些疾病不仅包括像科塔德综合征这样鲜为人知的罕见病，还包括精神分裂症这样的病，精神分裂症会让人觉得自己不是自己，或者无法控制自己的行为；还有阿尔茨海默病，它会让患者最终丧失个性、记忆和基本人性；以及孤独症，这种病会损害患者“读懂”他人想法的能力，远不及我们大多数人在社会交往过程中可以本能做到的那种水平。

举个例子，在科塔德综合征的案例中，脑部扫描显示，与额叶及其后面的顶叶相关的多个区域的活动明显减弱，说明这个网络与意识有关，其中两个子区域与通过感官获得外部世界的意识有关，另一个子区域则与身体的内部状态（包括心理状态）有关。除此之外，这些研究还得到了证据表明，这个额顶网络与另一个叫作丘脑的脑区之间的长距离交流，有助于实现从促进对刺激的反应到意识的多种功能。有人认为，科塔德综合征的患者在这些脑部区域的代谢活动低迷，可能与他们自我感的降低有关。另一位科塔德综合征患者的脑部额颞区出现了萎缩，具体来讲，萎缩位于一个名为脑岛的深部区域，这片区域被认为有助于对身体状态的主观感知，这显然是任何自我感的关键组成部分。

就孤独症而言，也有研究表明，孤独症患者无法与他人建立联系与脑的某些部分有关，这些部分可能有助于认识自己的身体，还有身体与环境之间的相互作用。据推测，这种情况会产生一种不太确定的自我感，进而导致观察到的孤独症行为问题。

类似这样的疾病对患者来说可能相当不幸，但对研究意识的科学家而言，反而成了漠不关心的宇宙间接送来的礼物。研究人员通过将自我感以各种各样的方式被明显改变的人的神经活动，与其他没有患上这些疾病的人的脑部扫描结果相比较，获得了更多工具，锁定了与这些患者自我丧失的过程相关的大脑回路。这些研究不会直接揭示带来意识和自我感的实际机制，但它们可以提供有用的经验数据，而如果自然更仁慈些，我们就不会得到这些数据。事实上，期待揭示意识背后的实际物理机制也许要求太高了。诺姆·乔姆斯基向我强调，试图解决意识的“困难问题”，或者说试图揭开看到日落时是“什么感觉”，可能是错的。他指出，17 世纪哲学家兼科学家威廉·配第提到了科学中的“硬骨头”，说的不是意识的困难问题，而是通过人们可能（至少在原则上）建造出的物理机器，找到一种机械性解释运动的方法。牛顿和其他人发现，世界可以直接通过数学方程来描述。但即使是牛顿和他同时代的人也感觉，仅靠数学不尽如人意。

我想到了一个类似的例子，和我在另一个问题中已经讨论过的观点有关。我介绍过麦克斯韦的电磁数学理论，也对它赞不绝口，但麦克斯韦仍在继续使用机械轮子和滑轮，提出一种机械性的表述，并由此得出了他的方程。这种表述早就过时了，我们现在只接受麦克斯韦思想背后基本的数学方程，认为它足以解释电磁学的所有现象。

400 年后，现代物理学家已经逐渐接受牛顿和麦克斯韦的数学模型，尤其是麦克斯韦的数学模型，认为这反映了我们对物理世界所能期待的最贴切的理解。也许到头来，嗅闻一朵花是什么感觉这个“困难问题”会被搁置，因为我们认识到，我们所能期望的最好结果是，我们的经验知识能让我们在没有具体物理机制的表征的情况下，发展出一种关于意识的数学解释理论。

前段时间，我领导的大学研究所举办了一个题为“模式处理与智能的起源与未来：从脑到机器”的研讨会。举办该研讨会的目的是让神经科学家和计算机科学家齐聚一堂，看看他们能从对方身上学到什么，从而改进计算机学习，同时也看看计算机实验能揭示出哪些可能的神经过程。计算机科学家感兴趣的一个问题是创造力与疯狂之间的关系，计算机科学家可能会从已知的神经处理受损的案例中吸取经验教训，确保他们最终开发出的机器人不会患上类似精神分裂症这样的病。（我们就这一话题组织了一次与之相关的公开对话，我与约翰尼·德普并排就座，他是一位杰出的演员，在个人生活和职业生涯中，他有时不得不在创造力和疯狂这两个极端之间徘徊。你仍可以在线观看那场活动。）

然而，我们能从坏掉的系统中学到的东西实在有限。物理学家理查德·费曼曾对我说过："什么都做不了的人什么也不知道。"他死后，在他的黑板上发现了一句流传更广的名言，解释了他这句话的含义："我创造不了的东西，是我无法理解的。"在这里的讨论中，这句话的意思是，虽然接触到坏掉的机器可能有所帮助，但如果我们不能在没有来自他人的蓝图的情况下，自己从头从原始部件开始制造某样东西，那么我们就无法真正理解它是如何运作的。说到意识，如果我们的确是自己意识的囚徒，也许真正能确保我们了解意识起源的方法，就是从头开始制造一台有意识的机器。

关于这是否有可能实现，以及实现后世界会发生什么，人们看法不一。这些观点大多来自对当前人工智能（AI）技术的推断。

我从来都不喜欢"人工智能"这个词，因为在我看来，我们正在创造的技术既不人工，也不智能。现在大多数被归类为AI的技术，实际上都是机器学习（ML）的一种。计算机通过ML可以筛选堆积如山的数据。面对越来越多的真实和想象的数据，互联网公司面临着直接的压力，需要开发能够从数据中"学习"的软件和硬件，也就是说，这些系统能利用从过往大量数据中收集的信息，适应未来的实时数据输入。

利用庞大的用户人口统计数据，在适当的时间将广告投放到适当的地点，或者生成虚假新闻报道，发布到能最有效影响投票模式的地方，无论是经济还是政治上的财富都与这种能力息息相关。但这种趋势最广为人知的例子可能是开发无人驾驶汽车，让它能区分停车标识、行人和自行车，以及树木。迄今为止，这方面的努力喜忧参半，有些汽车似乎可以智能驾驶，但也有大量错误推理酿成的悲剧。

这些发展大多涉及一种名为神经网络的算法。它们是早期研究人员通过模拟他们以为的大脑中的学习过程而设计出的东西。这些网络基本上是通过试错进行“学习”。算法会探索许多不同的连接通路，每种通路都会产生不同的结果。连接算法可以随之改变并优化，得到理想结果的通路在每轮运行中都会获得更高的权重。

这些软件和硬件的发展速度远远超过了我们的协调能力，部分原因是摩尔定律的有效期远超我们的预期，还有一部分原因是新型硬件的出现。因此，神经网络在处理特定而有限的复杂任务方面开始大幅胜过人脑，不仅效率提高了，还显著降低了能源成本。利用这些方法，计算机能通过学习比人类棋手更好地下围棋，能比许多医生更好地分析某些图像（比如X射线照片）。这些成果宛如魔法，当然也引发了许多人的担忧，人们担心随着这些系统超出人类的能力，人类也将失去对其的控制。

这些机器本质上是黑盒子，在一端提出挑战或者问题，另一端就给出结果。由于没有明确的逻辑分析来解释这个过程，即使结果是准确的，也会让人类倍感不适，因为人类喜欢了解背后的推理才能接受结果。举个例子，一台神经网络医疗诊断机输入了你做过的许多医疗检查的结果，然后开出了一个治疗方案。如果没有人（包括可能负责协调治疗的医生）知道为什么这个方案可能是有效的，你会愿意照做吗？

无论这些新设备的能力看起来有多惊人，我们都不清楚它们是否在进行任何接近“思考”（至少是像我们想象的那种人脑中的“思考”）的活动。虽然机器能在短时间内筛选比人类多得多的数据，但与人脑的处理能力相比，它们处理数据的实际能力可能相形见绌。

要想了解在当前电子计算形式的基础上创造一台会思考、有自我意识的机器所面临的挑战，不妨想一下能源问题。几年前，我读到过这样一份估计，要想以产生意识所必要（但可能还不充分）的方式达到人脑的存储和处理能力，或许需要大约 10 太瓦[①]的功率。我猜今天这个数字很可能要小几个数量级。（事实上，就在我写完这段后，我得知了一项新进展，涉及所谓的“神经形态芯片”，它可以模拟大脑中的短期记忆存储方式，从而将AI算法的能耗降低大概三个数量级。）无论如何，人脑的能耗约为 20 瓦，比我用来写书的笔记本电脑的耗电量还低（尽管我的苹果电脑可能比基于微软视窗操作系统的机器更聪明，但两者都和自我意识相去甚远），与前面的 10 太瓦之间相差 1 万亿。因此，即使今天AI设备与大脑能耗的实际比较只相差 10 亿，但大

① 1 太瓦 $= 10^{12}$ 瓦。——编者注

脑目前所做的事情显然与我的电脑大相径庭。

神经网络的某些方面可能确实模仿了与人类决策相关的神经处理的实际过程。虽然我们在做决策时“感觉”不到自己有意识地进行了怎样的思考，但我前面说过，我们的很多决策显然都是悄然进行的。无论如何，没有人认为这些设备会以任何方式“意识到”自己在做什么。

安东尼奥·达马西奥和约瑟夫·勒杜等人提出的进化的观点认为，无论采用这种方法的设备变得多么快或者多复杂，它们都不可能有意识。我们意识的一个重要方面来自我们采样和感知自身内部状态的能力。用达马西奥的话说，我们的感觉才是最重要的。这些感觉来自具有复杂神经系统的生物的稳态需求。它们是人类智能必要的先决条件。他认为，未来的机器人要想有自我意识，就必须有一个需要调节才能维系的“身体”。如他所言，“机器对自己身体的‘感觉’决定了它对周围环境做出的反应。这种‘决定’旨在提高反应的质量和效率”。

除了感觉，我们的大脑还反映了这颗星球上40亿年的生物进化。它可能远远超越了其他很多哺乳动物的神经能力，但和它们具有相同的进化结构。古人类的进化并没有重新发明神经的车轮。它只是加了些辐条，改了改轮胎的花纹，也许还改进了驱动机制。

勒杜强调，人类情绪之所以可能出现，是因为我们大脑独一无二的能力，而这种能力取决于早期或者更近期的古人类祖先的进化发展，包括语言、推理和内省处理的进化。由此产生的神经回路一定是基于数十亿年的进化过程中已经基本建立起的框架进化而来的，并以生存行为为基础。这些发展绝非微不足道，但它们的形式取决于最初的框架。用勒杜的话说：

> 因此，了解人脑非意识功能的动物遗产并不是个安慰奖。它对于我们理解动物和人类的行为都至关重要……生存回路和行为在战术上实施的普遍策略，将我们与整个生命史联系在一起……只有了解整个故事，我们才能真正理解我们是谁，以及我们是如何走到今天的。

当然，问题的关键在于，这样的进化史是否也是在机器中重塑意识所必需的。如果机器没有我们的脑这样的层级框架——前脑和中脑建立在菱脑之上，后续的层承担新任务，同时在整个系统中交互与沟通，并与身体的感官信息流和调节紧密相连，那么机器能否实现意识呢？

时间会告诉我们答案。也许需要全新的计算设备，也许要有基于量子计算理念的设备。我个人认为，无论多有挑战性，在最终开发具有自我意识的功能机器的道路上都不存在根本性的障碍。

对不少人而言，这种想法确实令人生畏。现在已经有一些会议在讨论如何在AI算法中加入类似于阿西莫夫的机器人三定律的内容，以防止这些系统像电影《终结者》中的机器人那样失控并毁灭世界。我参加过一些杰出哲学家的讲座，他们认为有必要在AI算法中输入“人类普世价值观”。我认为，而且现在仍然认为，这种想法往最好了说，也是有些无理。我不确定什么是“人类普世价值观”，但有一点可以肯定，那就是，机器肯定不能通过目前常用的筛选历史上人类行为的现有数据学到它们。对这些设备编程时，可能得让它们“照我说的做，而不要照我做的做”，但这就引出了一个问题：由谁来输入“做”。

可以想象出很多情况急转直下的场景，而科幻作家、未来学家和哲学家在这方面可谓“无所不用其极”。不过，有几件事让我感到欣慰。

首先，科幻作品中描绘的未来发展趋势错过了最有趣的人类发展。我小时候，科幻作家和未来学家都让我相信，现在我会生活在一个充斥着飞天汽车和太空旅行的世界里。但相反，我生活在一个谁也没有预料到的世界里，互联网主导着各个层面，它对通信和信息处理的改变之剧烈几乎超过了人类历史上的其他任何发展。科幻小说和科学发现之间存在着本质上的区别。前者是在现在的基础上推断未来，后者则是创造一个新的现在。

其次，在我看来，所有关于我们即将迎来奇点（具有自我意识、可自我编程的计算机器崛起，将我们甩在身后的时刻）的说法都很不切实际。这并不是指日可待的事情。计算机能在围棋中击败我们，但我听说，许多机器人系统还是不会叠衣服。即使是最成功的深度机器学习程序，也可能与现实世界中实际的意识系统的工作方式风马牛不相及。神经网络是否足以处理认知所需的那类可计算性，这个问题依然值得商榷。这也是彭罗斯等人思考细胞层面的不同类型计算的动机之一。

费曼本人之所以提出量子计算的推测，不仅是因为它可能被应用于计算，至少也有部分原因是，他对量子计算机可以向我们揭示的量子力学知识颇有兴趣。直接依赖量子世界奇异特征来计算的设备可能会带来新的见解，帮助我们了解如何更好地直观理解量子世界，而无须借助过时的经典诠释。我还痴迷于一种可能性，也就是发现另一种智能的可能，也许某个基于截然不同的神经模型电路的智能可以教会我们一些东西。这样的系统会认为什么物理问题令人着迷？它们又能帮助我们回答哪些问题，回答哪些目前已知的未知？

至少，开发这类机器将永久地改变我们对意识的理解，并有可能解决人类最长久的未解之谜。

当然，一个我们可能不再是占据主导地位的认知生物的世界，会是一个不同的世界。但为什么它就一定更糟呢？机器能比人类更好地完成许多人类任务的未来就一定很可怕吗？我们有更多时间阅读、探索艺术、做所有我们喜欢做的事情，而社会的其他引擎由智能机器负责运转，这就一定是一种糟糕的未来吗？

当然，假定一个生产力得以提高、基础设施可能更加可持续的世界，其成果将由全人类平均分享，这种想法未免太过天真了。最先开发出真正自主思考机器的人可能会拥有巨大的经济优势，如果以史为鉴，那可能只会导致财富和资源进一步集中在越来越少数的人和机构手中。不过，总是有希望的。

从根本上来说，如果开发出具有自我意识的机器，我认为可能发生的最大变化将是，我们对意识的新的理解将改变我们对意识之于人类含义的理解。为了在竞争中立于不败之地，像人类这样的生物系统可能有必要将这些新技术的某些机制融入运作和活动中。新的混合生物可能会出现。但它们并不一定要像博格人那样。

公元前 9 世纪，腓尼基字母表的派生品被引入了古希腊，并在接下来几百年中不断演化。一些人认为这是文明的终结，尤其是文学和戏剧的终结。柏拉图批评书面语言是智慧的障碍，他认为文字无法完全捕捉真理，只能传播知识的幻觉。他还抱怨道，书写会消除记忆的需要。苏格拉底也对书写持怀疑态度，认为书面交流永远不会像面对面交流那般清晰，因为人们无法向文档提问，也无法与文档争辩。

这些抱怨看似抱残守缺，但放在现代数字通信的背景下却似曾相识。我们当中有多少人曾抱怨过，能够通过谷歌获取信息将意味着人们不必记住任何东西或者不再需要自己弄清楚细节？或者，发短信和发推特正在降低人际交往的质量，尤其降低我们的读写能力？

所谓的人工智能是人类发展的自然副产品，和当年的书写并无二致。技术是一种人类发明，它改变了世界，但也要求人类随之改变。只要人类还在，这种情况就一直存在。

有 AI 的未来可能比现在更好。毕竟，我想如今大多数人都认为，一个有书可读的世界要优于让我们能书写的文字出现之前的世界。

认识到我们不知道未来会带来什么，就像认识到宇宙中还有多少问题有待解答一样，这可能也让我们相信，未来始终比过去更令人兴奋。

后 记

美梦也好，噩梦也罢，我们都必须活出自己的经历，必须清醒地活。我们生活在一个与科学相互交织的世界，这个世界既完整又真实。我们不能仅仅通过站队就把它变成一场游戏。

——雅各布·布罗诺夫斯基

认识到我们并没有掌握所有答案，是科学的起点，也是通往智慧之路的第一步。这看似老生常谈，但在当下，随着流行话语似乎越来越受意识形态的确定性，而非理性探究的支配，这句话值得反复强调。

如果意识形态侵入了科学的进程，我们知识中不可避免的空白就会被希望达到自己目的的人所利用，无论是出于经济、政治还是宗教目的。

我们被告知科学永远无法解释爱情，或者说，科学不可能准确或者完整地展现现实的这一部分，因为科学是由人完成的，而人本身就有缺陷，出于这样或那样的原因——比如他们的身份、他们的政治立场，或者他们的财富或地位——我们要取得真正的进步，就必须根除或者忽视他们的贡献。

这些都是花招，仅此而已。声称科学永远无法解释这个或那个问题简直太自负了，因为这暗示着你知道的足够多，知道我们永远无法得知的东西。同样，谁来决定谁有资格或者没有资格参与这一进程？科学以辩证的方式进行，所有观点都会受到争论和攻击，而糟糕的观点之所以能被根除，正是因为科学界整体的目标超越了科学家个人的特定嗜好。

不管是左派出于对社会正义的担忧，还是右派出于保守主义的不妥协，权威人士和政客都声称自己知道什么对他人最有利，也清楚地知道造成当前社会弊端的原因是什么。他们认为不需要提出怀疑，也不需要调查实际数据，就能以某种方式做到这一点。

即使是大学，这个本应是质疑和开放探究的最后堡垒的地方，也正因为政治正确的问题和关于系统性弊端的断言而不堪重负，这些问题主导了什么话可以说，什么人可以说。可悲的是，当对冒犯、边缘化和受害者身份的担忧成为头等大事时，质疑任何言论的能力，也是学习兴趣的标志和科学方法的特征，就会被扼杀。

但我在这里主要关注的不是大学政治。我引用了我的思想偶像之一雅各布·布罗诺夫斯基的一段话作为后记的开篇，因为我关心科学，关心科学能否帮助我们更好地了解自然，以及我们自己，来帮助我们创造能够改善我们生活和环境的技术，并且更好地预测未来的发展趋势。

400 年的现代科学让我们走到了今天，但我们将何去何从，不仅取决于我们如何利用现有的知识，还取决于我们如何对周遭世界建立新的认识。

在这方面，认识到我们目前的局限性是至关重要的第一步。能够量化不确定性，也就是明确地了解我们所不知的东西，从而确定缺乏这些知识对我们能有把握地谈论自然的哪些内容有何影响，可能是科学的最大优势。像我常说的，不理解某些东西并不能表明上帝存在，也不能表明人类的弱点。它只能表明我们不理解。它应该是一份探索和学习的邀请。

谦逊和诚实让我们清楚自身知识的局限性，但我们不应该为此羞惭。我们应该为此庆幸：仍有惊人的秘密有待揭开。

我在这本书开篇就指出，关注知识的边缘让我有机会解释我们已经走了多远，也能为未来提出一些指导。我记得十几岁的时候读过一本理查德·费曼写的书，书名叫《物理定律的本性》。我一直对科学很感兴趣，但那本书让我第一次清楚地认识到，物理学中真正有意思的问题还没有全部得到解答。这对我来说是一份邀请，也带来了挑战和机会，让我尝试迈出下一步。我并不寄希望于这本书会对如今的年轻人产生同样的影响，但我希望它会。事实上，这就是我写这本书的原因。

致谢

如果没有我出色的英国出版人安东尼·奇塔姆的温柔鼓励，我不可能写成这本书，他提出了一个我无法拒绝的挑战。在整个过程中，他和他在宙斯之首公司（现在是我的两本书的出版商）的同事一直耐心，并且锲而不舍。我感谢他们这两种品质，并且希望这个成品不负他们的希望。我在美国的出版商波斯特希尔出版公司的亚当·贝洛（他也出版了我的上一本书）也为本书贡献了很多智慧，他的同事，包括波斯特希尔的文字编辑安德鲁·霍根和宙斯的文字编辑米兰达·沃德都努力改进了手稿。

虽然我在这里讨论的许多领域都和我自己作为物理学家的专业知识重合，但多年来，我从与其他学科的许多同事的讨论以及他们的书籍中受益匪浅，他们塑造了我的理解，激发了我思考，并时常暴露出我自己的误解。这份名单包括安德鲁·诺尔、诺姆·乔姆斯基、理查德·道金斯、约瑟夫·勒杜、史蒂芬·平克、伊恩·麦克尤恩、乔治·丘奇、南希·达尔、约翰·萨瑟兰和乔纳森·劳奇，还有许多人。此外，诺姆·乔姆斯基、理查德·道金斯、贾娜·伦佐娃和尼尔·德格拉斯·泰森热心地阅读了早期草稿，提出了许多宝贵的建议，我已将这些建议纳入了终版。感谢他们的慷慨、友谊和智慧。最后，我要感谢多年来我的许多同事和学生，他们促进并改变着我自身的理解，也经常纠正我，他们引导了我的兴趣，激励我继续探索着宇宙中已知的未知。